普通高等教育规划教材

环境监测实验

主　编　张君枝　王　鹏　杨　华　寇莹莹

副主编　牟冬艳　张艳娜　张子健

U0305875

中国环境出版社·北京

图书在版编目（CIP）数据

环境监测实验/张君枝等主编. —北京：中国环境出版社，2016.8
普通高等教育规划教材
ISBN 978-7-5111-2781-5

Ⅰ.①环… Ⅱ.①张… Ⅲ.①环境监测—实验—高等学校—教材 Ⅳ.①X83-33

中国版本图书馆 CIP 数据核字（2016）第 090472 号

出 版 人　王新程
责任编辑　侯华华
责任校对　尹　芳
封面设计　宋　瑞

出版发行　中国环境出版社
　　　　　（100062　北京市东城区广渠门内大街 16 号）
　　　　　网　　址：http://www.cesp.com.cn
　　　　　电子邮箱：bjgl@cesp.com.cn
　　　　　联系电话：010-67112765（编辑管理部）
　　　　　　　　　　010-67112735（第一分社）
　　　　　发行热线：010-67125803，010-67113405（传真）
印　　刷　北京中科印刷有限公司
经　　销　各地新华书店
版　　次　2016 年 8 月第 1 版
印　　次　2016 年 8 月第 1 次印刷
开　　本　787×960　1/16
印　　张　11.25
字　　数　200 千字
定　　价　26.00 元

前　言

　　随着全球气候变化的加剧、城市化的快速发展，环境问题日益突出，环境监测工作显得尤为重要。环境监测是环境保护工作的重要基础和重要手段，对环境中各要素进行例行监测，对各有关单位的排放以及环境质量进行监测，为政府部门执行各项环境法规、标准，全面开展环境管理、城市规划工作提供准确、可靠的监测数据和资料。为了满足环境监测工作的要求，需要培养一大批具有高素质、高技能的环境监测人才。本书为普通高等教育院校环境类专业环境监测实验课提供了实用性强的实验教材，同时也可以作为环境监测工作人员或者普通高等教育院校教师的参考资料。

　　全书设计了环境监测基本技能训练、水和废水环境监测、土壤与固体废弃物监测、环境空气质量监测、噪声监测、室内空气监测等几个方面共几十个实验项目，同时包含了各方面监测方案的制订、样品的采集、运输和保存技术、样品的前处理技术、分析测试技术、原始数据记录、监测结果计算、监测报告撰写和监测结果的评价等内容。在本书的最后附上了相关的标准和技术规范，注重环境监测的新技术和仪器方面的运用，以实用为出发点，通过环境监测实验，强化学生的环境监测技能，以使其具备适应环境监测相关部门就业需要的专业技能。

　　本书由北京建筑大学张君枝、王鹏、杨华、寇莹莹四位老师担任主编，牟冬艳（大庆炼化公司质量检验与环保检测中心）、张艳娜（中国石油勘探开发研究院）、张子健（国家电网冀北电力有限公司）担任副主编。全书由张君枝负责统稿，各部分的编写人员以及分工如下：第1

章由张君枝、张艳娜编写；第 2 章由王鹏、寇莹莹编写；第 3 章由张君枝、张子健编写；第 4 章由王鹏、张君枝编写；第 5 章和第 6 章由杨华、张君枝编写；第 7 章由寇莹莹编写；第 8 章由张君枝、牟冬艳编写。附录部分由张君枝、王鹏、杨华、寇莹莹编写。

本书在编写过程中参考并引用了大量文献资料，副主编来自不同行业，对书稿内容进行了指导，同时咨询了部分行业相关专家。在此，仅对参考文献的原作者和对本书提出宝贵意见和建议的专家表示衷心的感谢。

由于编者水平有限，书中难免出现错误和纰漏，敬请广大读者予以批评指正。

编　者

2016 年 2 月

目　录

第1章　绪　论

1.1　环境监测实验的目的

环境监测实验是"环境监测"课程教学的重要组成部分，它是环境科学、环境工程相关专业的一门重要技能实践课，是高等理工科院校本科环境科学与环境工程专业的必修课。其任务是通过本课程的学习，加深学生对"环境监测"课程中基本原理、基本方法的理解，强化环境监测技能，培养学生环境监测的实践能力，为学生今后从事环境监测工作和其他相关工作打下基础。

环境监测实验课程的教学目的：通过环境监测实验和实习，提高学生的实践动手能力。掌握监测方案的制订、监测布点、采样、分析测试等实际操作以及监测数据处理，实验报告的编写等，可概括为以下几个方面。

1）通过环境监测实验，培养独立思考问题、分析问题和解决问题的工作能力，以及团队分工协作、沟通能力。

2）使学生掌握环境监测基本原理和基本方法，提高学生环境监测基本操作技能，培养学生实际工作能力。

3）通过环境监测实验，使学生对环境监测实训室的建立、工作常规和环境监测工作的一般程序有深刻了解，建立对环境监测工作的感性认识。

4）培养良好的职业道德和爱岗敬业的思想品质，树立严谨的工作作风、实事求是的工作态度和创新意识。

1.2　环境监测实验的内容

环境监测实验将水和废水监测、土壤和固体废弃物监测、大气和废气监测、室内空气监测、噪声监测等常规监测工作作为主要内容。具体包括以下几方面的主要内容。另外，在实验中注重监测分析基本技能的训练和提高，同时也要掌握环境监测新技术应用。

1.2.1 污水（中水）取样及常规指标监测

1.2.1.1 基本要求

1）了解综合水样、瞬时水样、平均水样及综合污水样的概念和具体采集方法，并在学校水处理厂采集样品，现场监测水样 pH、溶解氧，并进行样品保存、运送。

2）掌握污水（中水）样品采集、保存和运输的方法。

3）掌握污水（中水）常规指标的测定前样品预处理方法。

4）掌握污水（中水）常规指标的测定方法。

5）掌握污水（中水）取样及常规指标监测实验报告的撰写。

1.2.1.2 主要内容

1）污水监测的技术规范。

2）学校水处理厂水样采集、样品保存和运输。

3）稀释接种法及仪器法快速测定污水样 BOD_5。

4）撰写学校污水处理厂废水取样及常规指标监测实验报告。

1.2.1.3 操作要点

1）污水样的采集方法，不同指标水样的现场处理和储存方法及保存时限。

2）水样测定时稀释倍数的确定。

3）稀释接种法测定 BOD_5 时稀释接种步骤的操作。

1.2.2 地表水水质监测

1.2.2.1 基本要求

1）了解不同类型地表水采样时的注意事项，特别是采样深度。

2）掌握现场采集地表水的方法，进行采样点定位，对水温、溶解氧、pH、电导率等水质指标进行记录；针对不同指标，掌握水样现场处理的方法，样品储存和运输的方法，样品保存时限。

3）掌握测定高锰酸盐指数、硝态氮等指标时的水样前处理方法。

4）掌握高锰酸盐指数、硝态氮的具体测定方法。

5）进行地表水水质监测报告的撰写。

1.2.2.2　主要内容

1）地表水监测的技术规范，水样的采集、前处理、储存和运输。

2）地表水高锰酸盐指数的测定。

3）紫外可见分光光度法测定地表水硝态氮。

4）撰写地表水监测实验报告。

1.2.2.3　操作要点

1）水样采集、前处理、储存、运输、水样的保存时限。

2）实际水样测定时样品的预处理。

3）样品测定时稀释倍数的确定。

1.2.3　校园空气质量监测

1.2.3.1　基本要求

1）掌握校园空气质量监测的布点原则和注意事项。

2）掌握 TSP、PM_{10}、$PM_{2.5}$、SO_2、NO_x 采样的方法，样品的保存和运输，测定时限。

3）掌握颗粒物、SO_2、NO_x 的测定方法。

4）进行校园空气质量监测实验报告的撰写。

1.2.3.2　主要内容

1）校园空气颗粒物、SO_2、NO_x 的采样。

2）校园空气颗粒物、SO_2、NO_x 的监测和数据处理。

3）大气采样差重法测定颗粒物、甲醛溶液吸收—盐酸副玫瑰苯酚分光光度法测定 SO_2、盐酸萘乙二胺分光光度法测定 NO_x。

4）校园空气质量监测实验报告的撰写。

1.2.3.3　操作要点

1）校园空气质量监测的布点。

2）气体的测定频率和读取数据数量。

1.2.4　室内空气质量监测

1.2.4.1　基本要求

1）掌握室内空气质量的布点原则和注意事项。

2）掌握甲醛、苯系物、挥发性有机物采样的方法、测定时限。

3）掌握甲醛、苯系物、挥发性有机物的测定方法。

4）掌握室内空气质量的监测方法和数据的处理过程。

5）进行室内空气质量监测实验报告的撰写。

1.2.4.2　主要内容

1）室内空气甲醛、苯系物、挥发性有机物的采样。

2）室内空气质量的监测和数据处理。

3）采用分光光度法测定室内空气甲醛、苯系物、挥发性有机物。

4）室内空气质量监测实验报告的撰写。

1.2.4.3　操作要点

1）室内空气质量监测的布点。

2）气体的采集和测定。

1.2.5　土壤及固体废弃物的监测

1.2.5.1　基本要求

1）了解生活垃圾和土壤采样的基本方法。

2）掌握土壤和生活垃圾的保存和前处理方法。

3）掌握土壤和垃圾样品的消解方法。

4）掌握消解后土壤中重金属、垃圾热值的测定。

1.2.5.2 主要内容

1）土壤环境监测的技术规范。

2）土壤和固体废弃物的实际采集、保存和前处理。

3）土壤样品的浸提、消解，以及其中重金属的原子吸收法测定。

4）生活垃圾热值的测定。

5）土壤和垃圾测定实验报告的撰写。

1.2.5.3 操作要点

1）土壤和垃圾样品的采集和前处理。

2）土壤的消解。

3）原子吸收仪器和垃圾热值仪器的操作过程。

1.3 环境监测实验的要求

1.3.1 实验内容要求

1）以实验模块为基础，能够制订出环境监测方案，包括对监测区（点）现场调查内容和相关基础资料的收集、采样点的优化布设、监测项目的确定、采样时间和频率、样品的运送保存方式、分析测试方法等。

2）熟练掌握各项常规监测项目的采样、现场测试、样品的制备和保存、实验室分析、各种记录表格的填写、数据处理和结果报表等基本技能，掌握环境监测的全过程工作程序。

3）了解常规监测仪器的基本结构、基本原理及基本维护方法，能正确使用监测工作中常用的仪器设备。

4）实验过程中，要认真进行各项技能训练。掌握环境监测技术的细节和要领。

5）了解建立、健全环境监测实验室的有关业务常识，掌握实验室安全及个人防护知识。

1.3.2 实验地点要求

环境监测实验一般情况下在校内完成，有室内实验项目，也有室外实验项目。

有条件也可到校外实验基地。如各级环境监测站、大型工矿企业分析测试中心等单位进行综合实验。

1.3.3 实验组织及安排

1）以实验班级为单位配备 3～4 名实验指导教师，负责学生实验的组织和实施。

2）将班级学生分为若干个实验小组，每组 3～4 人，设组长 1 人，组长负责组织和协调本组实验各项工作。

3）各学校在安排实验时可以将部分单项实验内容安排在"环境监测"课程教学中进行，部分单项实验和综合实验安排在环境监测实验周进行。具体如何安排由各学校根据教学计划安排确定。

1.3.4 实验记录和安全要求

1）学生要自觉遵守本校的学生守则、各项规章制度。

2）自觉遵守实验室各项规章制度，注意防火、防爆等安全事项。

3）应严格按照仪器设备的操作规程正确操作并使用仪器设备，实验中出现仪器故障，必须及时向指导教师汇报，不可随意自行处理。

4）实验应在规定时间、地点进行。不得擅自变更时间、地点。

5）室外作业时应注意人身安全。

1.3.5 实验结果要求

1）实验结束后，要按时提交实验报告。

2）需要有指导老师当天的签字。

1.4 环境监测实验的考核

本课程考核包括实验课堂表现、实验报告及环境监测方案的制订以及常规指标测定的操作。实验课堂表现具体考察其操作是否规范，是否熟练，能相对独立地完成实验内容；实习报告考察其对实验结果的记录、分析、整理及总结表达是否严谨、规范；实验方案的制订是否全面合理；实验操作考核过程的操作是否规范、测定结果是否正确。最后成绩计算依据：根据不同课时量分配进行计算。

考核内容：

1）实验方案制订：环境样品（土壤、植物、空气、水等）重金属及有机物测定的环境监测方案。

2）实验操作：水样（污水、雨水、中水、地表水等）常规指标的测定。

该部分内容根据指导教师的人数分组同时进行，每位同学均需要独立进行测定操作及监测方案的口述，考核结束后将未知样品测定结果及环境监测方案附在环境监测报告的最后部分。

第 2 章　环境监测实验基本知识

2.1　环境监测实验常用溶液浓度的表示方法

一定量的溶液中所含溶质的量叫溶液的浓度，常用分析溶液的浓度有以下几种表示方法。

（1）体积比浓度

即 1 体积浓溶液与 x 体积水混合所制成的浓度，用符号（$1:x$）表示。

如 $1:2$ HCl，表示溶液由 1 体积浓 HCl 与 2 体积水混合。

（2）体积百分比浓度

即 100 mL 溶液中所含溶质的毫升表示，用符号（V/V_1）% 表示。

如 5% 的盐酸，表示由 5 mL 浓 HCl 用水稀释至 100 mL 而得。

（3）重量体积百分比浓度

即 100 mL 溶液中所含溶质的克数，常用（W/V）% 表示。

如 1% 的硝酸银溶液，是指称取 1 g 硝酸银溶于适量水中，再以水稀至 100 mL。

（4）重量百分比浓度

即 100 g 溶液中所含溶质的克数，用符号（W/W_1）% 表示。

市售的酸、碱常用此法表示，例如 37.0% 的盐酸溶液即 100 g 溶液中含 37 g 纯 HCl 和 63 g 水。

（5）摩尔浓度

1 L 溶液中所含溶质的摩尔数，用符号 M 表示。

$$M = \frac{溶质摩尔数}{溶液体积（L）} = \frac{溶质重量 / 溶质摩尔质量}{溶液体积（L）}$$

（6）当量浓度

1 L 溶液中所含溶质的克当量数，用符号 N 表示。

$$N = \frac{溶质克当量数}{溶液体积（L）} = \frac{溶质重量/溶质摩尔质量}{溶液体积（L）}$$

（7）滴定度

1 mL 标准溶液，相当于被测物质的克数，常用 $T_{M1/M2}$ 表示。

例如：$T_{CaO/EDTA} = 0.560\ 3$ mg/mL，表示每毫升 EDTA 标准溶液相当于 CaO 0.560 3 mg。

（8）比重 d

比重是单位体积内物质的质量与单位体积内标准物质的质量之比，也就是物质的密度与标准物的密度之比。

用比重表示浓度的主要是酸、氨水等液体试剂。

（9）重量体积浓度

是指单位体积溶液中所含溶质的重量，常用（W/V）表示。经常以 mg/mL，或µg/mL 表示或 ppm、ppb 表示（ppm 称为百万分率，1 ppm 就是百万之一或者是 1 µg/mL；ppb 称为十亿分率，1 ppb 就是十亿分之一或 0.001 µg/mL）。

2.2 滴定法及基本操作步骤

滴定分析是将一种已知准确浓度的标准溶液滴加到未知的溶液中，直到化学反应完全为止（滴定终点），根据标准溶液的浓度和体积求出未知溶液中某种组分含量的一种方法。

分析化学中的四大滴定，即氧化还原滴定、络合滴定、酸碱滴定和沉淀滴定。

四大滴定的区分主要是根据反应的类型，以及是否便于测定。比如，氧化还原滴定主要用于氧化还原反应，沉淀滴定主要用于产生沉淀的反应，酸碱滴定主要用于酸性物质与碱性物质的反应或者广义上的路易士酸，而络合滴定则主要用于络合反应的滴定。

2.2.1 氧化还原滴定

氧化还原滴定法是以氧化还原反应为基础的容量分析方法。它以氧化剂或还原剂为滴定剂，直接滴定一些具有还原性或氧化性的物质；或者间接滴定一些本身并没有氧化还原性，但能与某些氧化剂或还原剂起反应的物质。

2.2.1.1　水样采集和溶解氧的固定

1）采样地点：校园人工湖。

2）用溶解氧瓶取水面下 20～50 cm 的人工湖水，采集水样时，要注意：注入水样至溢流出瓶容积的 1/3～1/2。注意不要使水样曝气或有气泡残存在溶解氧瓶中。

3）在湖岸边取下瓶盖，用移液管吸取硫酸锰溶液 1 mL 插入瓶内液面下，缓慢放出溶液于溶解氧瓶中。取另一只移液管，按上述操作往水样中加入 2 mL 碱性碘化钾溶液，盖紧瓶塞，不留气泡，将瓶颠倒振摇使之充分摇匀。此时，水样中的氧被固定生成锰酸锰（$MnMnO_3$）棕色沉淀。

4）取两个平行样品，将溶解氧已固定的水样带回实验室备用。

2.2.1.2　$Na_2S_2O_3$ 溶液的标定

于 250 mL 碘量瓶中，加入 100 mL 水和 1 g KI，再加入 10.00 mL 0.025 0 mol/L 重铬酸钾（$1/6K_2Cr_2O_7$）标准溶液和 5 mL（1＋5）硫酸溶液，密塞，摇匀。放于暗处静置 5 min 后，用待标定的硫代硫酸钠溶液滴定至溶液呈淡黄色后，加入 1 mL 淀粉溶液，继续滴定至蓝色刚好褪去为止，记录用量。

$$c = \frac{10.00 \times 0.025\,0}{V}$$

式中：c —— 硫代硫酸钠溶液的浓度，mol/L。

V —— 滴定时消耗硫代硫酸钠溶液的体积，mL。

2.2.1.3　样品测定

轻轻打开瓶塞，取出 2.0 mL 上清液，加入 2.0 mL 浓硫酸，小心盖好瓶塞，颠倒混合摇晃至沉淀物全部溶解。然后在暗处放置 5 min 使产生的 I_2 全部析出。用移液管取 100 mL 上述溶液，注入 250 mL 锥形瓶中，用已标定的 $Na_2S_2O_3$ 溶液滴定到溶液呈微黄色，加入 1 mL 淀粉溶液，继续滴定至蓝色恰好褪去为止，记录用量。

2.2.2　络合滴定

络合滴定是以络合反应（形成配合物）为基础的滴定分析方法，又称配位滴定。络合反应广泛地应用于分析化学的各种分离与测定中，如许多显色剂、萃取剂、沉淀剂、掩蔽剂等都是络合剂。

2.2.2.1　总硬度的测定条件与原理

测定条件：以 NH_3-NH_4Cl（NH_4Cl 溶于 NH_3 水中）缓冲溶液控制溶液 pH = 10，以铬黑 T 为指示剂，用 EDTA 滴定水样。

原理：滴定前水样中的钙离子和镁离子与加入的铬黑 T 指示剂络合，溶液呈现酒红色，随着 EDTA 的滴入，配合物中的金属离子逐渐被 EDTA 夺出，释放出指示剂，使溶液颜色逐渐变蓝，至纯蓝色为终点，由滴定所用的 EDTA 的体积即可换算出水样的总硬度。

2.2.2.2　钙硬度的测定条件与原理

测定条件：用 NaOH 溶液调节待测水样的 pH 值为 13，并加入钙指示剂，然后用 EDTA 滴定。

原理：调节溶液呈强碱性以掩蔽镁离子，使镁离子生成氢氧化物沉淀，然后加入指示剂用 EDTA 滴定其中的钙离子，至酒红色变为纯蓝色即为终点，由滴定所用的 EDTA 的体积即可算出水样中钙离子的含量，从而求出钙硬度。

2.2.2.3　总硬度的测定

用 100 mL 吸管移取 3 份水样，分别加 5 mL NH_3-NH_4Cl 缓冲溶液，2～3 滴铬黑 T 指示剂，用 EDTA 标准溶液滴定，溶液由酒红色变为纯蓝色即为终点。

2.2.2.4　钙硬度测定

用 100 mL 吸管移取 3 份水样，分别加 2 mL 6 mol/L NaOH 溶液，5～6 滴钙指示剂，用 EDTA 标准溶液滴定，溶液由酒红色变为纯蓝色即为终点。

2.2.2.5　思考题

1）络合滴定中为什么加入缓冲溶液？

2）用 Na_2CO_3 为基准物。以钙指示剂为指示剂标定 EDTA 浓度时，应控制溶液的酸度为多大？为什么？如何控制？

3）以二甲酚橙为指示剂，用 Zn^{2+} 标定 EDTA 浓度的实验中，溶液的 pH 为多少？

4）络合滴定法与酸碱滴定法相比，有哪些不同点？操作中应注意哪些问题？

2.2.3 酸碱滴定

酸碱滴定法是以酸、碱之间质子传递反应为基础的一种滴定分析法。可用于测定酸、碱和两性物质。其基本反应为：

$$H^+ + OH^- = H_2O$$

酸碱滴定法也称中和法，是一种利用酸碱反应进行容量分析的方法。用酸作滴定剂可以测定碱，用碱作滴定剂可以测定酸，这是一种用途极为广泛的分析方法。

盐酸溶液和氢氧化钠溶液的滴定属于强酸强碱的滴定，突跃的 pH 范围为 4~10，可选甲基橙（变色范围 pH 为 3.1~4.4）、甲基红（变色范围 pH 为 4.4~6.2）、酚酞（变色范围 pH 为 8.0~10.0）作为指示剂。

2.2.3.1 酸碱溶液的配制

1）0.1 mol/L HCl 溶液：用 5 mL 量筒量取浓盐酸约 4.5 mL，倒入 500 mL 试剂瓶中，加水约 495 mL，盖好玻璃塞，摇匀。

2）0.1 mol/L NaOH 溶液：称取固体氢氧化钠 2 g 于 250 mL 烧杯中，立即加入 500 mL 纯水使之溶解，冷却后，转入 800 mL 试剂瓶中，用橡皮塞盖好瓶口，摇匀。

2.2.3.2 酸碱溶液的相互滴定

1）用 0.1 mol/L NaOH 溶液润洗碱式滴定管 2~3 次，每次 5~10 mL，然后将 NaOH 溶液装入碱式滴定管中，调节液面至 0.00 mL 刻度处。

2）用 0.1 mol/L HCl 溶液润洗酸式滴定管 2~3 次，每次 5~10 mL，然后将 HCl 溶液装入酸式滴定管中，调节液面至 0.00 mL 刻度处。

3）从碱式滴定管中放出 NaOH 溶液 20 mL 于 250 mL 锥形瓶中，加入 1 滴甲基橙指示剂，用 0.1 mol/L HCl 溶液滴定，直到加入 1 滴或半滴 0.1 mol/L HCl 溶液后，溶液由黄色刚好变为橙色；由碱式滴定管中滴入几滴 NaOH 溶液，溶液又由橙色变为黄色；再由酸式滴定管滴入几滴 HCl 溶液，溶液又由黄色变成橙色。如此反复练习滴定操作并观察终点颜色的变化，直到操作熟练。

4）从碱式滴定管中放出 NaOH 溶液 25.00 mL 于 250 mL 锥形瓶中，加入 1 滴甲基橙指示剂，用 0.1 mol/L HCl 溶液滴定至黄色刚转变为橙色。平行滴定 3 份，按表 2-1 形式记录每次读数，要求 3 次之间所消耗的盐酸体积之差不超过 ± 0.04 mL。计算盐酸和氢氧化钠溶液的体积比。

5）用移液管移取 25.00 mL 0.1 mol/L HCl 溶液于 250 mL 锥形瓶中，加入 2 滴酚酞指示剂，用 0.1 mol/L NaOH 溶液滴定至微红色，红色保持 30 s 不褪为终点。平行滴定 3 份，按表 2-2 形式记录每次读数，要求 3 次之间所消耗的氢氧化钠体积之差不超过 ±0.04 mL。计算 3 次滴定的相对标准偏差。

2.2.3.3 数据处理与记录

表 2-1　HCl 溶液滴定 NaOH 溶液（甲基橙指示剂）

滴定次序	V_{NaOH}/mL	V_{HCl}/mL	$V_{HCl/NaOH}$	$\bar{V}_{HCl}/V_{NaOH}$	相对偏差	相对平均偏差
1						
2						
3						

表 2-2　NaOH 溶液滴定 HCl 溶液（酚酞指示剂）

滴定次序	V_{HCl}/mL	V_{NaOH}/mL	$\bar{V}_{NaOH}$	V_{NaOH} 的最大绝对值差值/mL
1				
2				
3				

2.2.3.4 思考题

1）在滴定分析中，滴定管和移液管要用操作溶液润洗几次？滴定中所用的锥形瓶也要用操作溶液润洗吗？

2）为什么用盐酸滴定氢氧化钠时选择甲基橙做指示剂，而用氢氧化钠滴定盐酸时选用酚酞作为指示剂？

3）配制的标准溶液过浓或过稀对滴定结果有什么影响？

4）在实验中，用酚酞做指示剂时，为什么要求 NaOH 溶液滴定至溶液呈微红色，且半分钟不褪色即为终点？

2.2.3.5 注意事项

1）滴定时，最好每次都从 0.00 mL 开始。

2）滴定时，左手不能离开旋塞，不能任溶液自流。

3）摇瓶时，应转动腕关节，使溶液向同一方向旋转（左旋、右旋均可）。不能前后振动，以免溶液溅出。摇动还要有一定的速度，一定要使溶液旋转出现一个旋涡，不能摇得太慢，以免影响化学反应的进行。

4）滴定时，要注意观察滴落点周围颜色变化，不要去看滴定管上的刻度变化。

5）滴定速度控制方面：

• 连续滴加：开始可稍快，呈"见滴成线"，这时为 10 mL/min，即每秒 3～4 滴。注意不能滴成"水线"，这样，滴定速度太快。

• 间隔滴加：接近终点时，应改为一滴一滴的加入，即加一滴摇几下，再加再摇。

• 半滴滴加：最后是每加半滴，摇几下锥形瓶，直至溶液出现明显的颜色使一滴悬而不落，沿器壁流入瓶内，并用蒸馏水冲洗瓶颈内壁，再充分摇匀。

6）半滴的控制和吹洗：用酸管时，可轻轻转动旋塞，使溶液悬挂在出口管嘴上，形成半滴，用锥形瓶内壁将其沾落，再用洗瓶吹洗。对于碱管，加上半滴溶液时，应先松开拇指和食指，将悬挂的半滴溶液沾在锥形瓶内壁上，再放开无名指和小指，这样可避免出口管尖出现气泡。滴入半滴溶液时，也可采用倾斜锥形瓶的方法，将附于壁上的溶液涮至瓶中，这样可以避免吹洗次数太多，造成被滴物过度稀释。

2.2.4 沉淀滴定

沉淀滴定法是利用沉淀反应进行容量分析的方法。生成沉淀的反应很多，但符合容量分析条件的却很少，实际上应用最多的是银量法。

2.2.4.1 原理

以硝酸银液为滴定液，测定能与 Ag^+ 生成沉淀的物质，根据消耗滴定液的浓度和毫升数，可计算出被测物质的含量。

反应式：$Ag^+ + X^- \rightarrow AgX\downarrow$

X^- 表示 Cl^-、Br^-、I^-、CN^-、SCN^- 等离子。

下面以指示终点法（铬酸钾指示剂法）为例介绍沉淀滴定法。

用 $AgNO_3$ 滴定液滴定氯化物、溴化物时，通常采用铬酸钾作指示剂的滴定方法。滴定反应为：

终点前：$Ag^+ + Cl^- \longrightarrow AgCl\downarrow$

终点时：$2Ag^+ + CrO_4^{2-} \longrightarrow Ag_2CrO_4\downarrow$（砖红色）

根据分步沉淀的原理，溶度积（K_{sp}）小的先沉淀，溶度积大的后沉淀。由于 AgCl 的溶解度小于 Ag_2CrO_4 的溶解度，当 Ag^+ 进入浓度较大的 Cl^- 溶液中时，AgCl 将首先生成沉淀，而 $[Ag^+]^2[CrO_4^{2-}] < K_{sp}$，$Ag_2CrO_4$ 不能形成沉淀；随着滴定的进行，Cl^- 浓度不断降低，Ag^+ 浓度不断增大，在等当点后发生突变，$[Ag^+]^2[CrO_4^{2-}] > K_{sp}$，于是出现砖红色沉淀，指示滴定终点的到达。

2.2.4.2　滴定条件

1）终点到达的迟早与溶液中指示剂的浓度有关。为达到终点恰好与等当点一致的目的，必须控制溶液中 CrO_4^{2-} 的浓度。每 $50\sim100$ mL 滴定溶液中加入 5%（W/V）K_2CrO_4 溶液 1 mL 就可以了。

2）用 K_2CrO_4 作指示剂，滴定不能在酸性溶液中进行，因指示剂 K_2CrO_4 是弱酸盐，在酸性溶液中 CrO_4^{2-} 依下列反应与 H^+ 离子结合，使 CrO_4^{2-} 浓度降低过多，在等当点不能形成 Ag_2CrO_4 沉淀。

$$2CrO_4^{2-} + 2H^+ \rightleftharpoons 2HCrO_4^- \rightleftharpoons Cr_2O_7^{2-} + H_2O$$

也不能在碱性溶液中进行，因为 Ag^+ 将形成 Ag_2O 沉淀：

$$Ag^+ + OH^- \longrightarrow AgOH$$

$$2AgOH \longrightarrow Ag_2O\downarrow + H_2O$$

因此，用铬酸钾指示剂法，滴定只能在近中性或弱碱性溶液（pH $6.5\sim10.5$）中进行。如果溶液的酸性较强，可用稀 NaOH 溶液调至中性，或改用硫酸铁铵指示剂法。

此外，滴定不能在氨性溶液中进行，因 AgCl 和 Ag_2CrO_4 皆可生成$[Ag(NH_3)_2]^+$而溶解。

2.2.4.3 实验仪器及试剂

仪器：酸式滴定管（25 mL）；容量瓶（100 mL）；锥形瓶（150 mL）。

试剂：铬酸钾溶液[5%（W/V）]；稀 NaOH 溶液；$AgNO_3$ 溶液（0.1 mol/L）。

2.2.4.4 实验步骤

试料液的制备：取 2.0 mL 样液于 100 mL 容量瓶中，加蒸馏水定容。

分析步骤：吸取 25 mL 上述样液于锥形瓶中，加入 2 滴酚酞，用稀 NaOH 溶液调至中性（溶液呈粉红色），加入 1 mL 酪酸钾溶液，用硝酸银滴定至出现砖红色沉淀，记录消耗硝酸银的体积，做 3 次平行实验。

2.2.4.5 计算公式

$$X = \frac{c \times (V_1 - V_0) \times 0.058\,44}{V \times \dfrac{25}{100}} \times 100$$

式中：X——每 100 mL 试样中氯化钠的含量，g；

c——硝酸银标准滴定溶液的实际浓度，mol/L；

V——所吸取的试样的体积，mL；

V_0——空白试验中所消耗的硝酸银标准溶液的体积，mL；

V_1——试样中所消耗的硝酸银标准溶液的体积，mL；

25——每次滴定所取的样品体积，mL；

100——样品稀释液的总体积，mL；

0.584 4——每 1.0 mL 的硝酸银滴定液（0.1 mol/L）相当于 0.058 44 g 的氯化钠。

2.2.4.6 注意事项

同一分析者，同一试样，同时或者相继两次测定结果，相对误差不大于 2%。

2.3　分光光度法的原理及校正

分光光度法是通过测定被测物质在特定波长处或一定波长范围内光的吸收度，对该物质进行定性和定量分析的方法。

在分光光度计中，将不同波长的光连续地照射到一定浓度的样品时，便可得到与波长相对应的吸收强度。如以波长（λ）为横坐标，吸收强度（A）为纵坐标，可以绘出该物质的吸收光谱曲线。利用该曲线进行物质定性、定量的分析方法，称为分光光度法。用紫外光源测定无色物质的方法，称为紫外分光光度法；用可见光光源测定有色物质的方法，称为可见光分光光度法。它们与比色法一样，都以 Beer-Lambert 定律为基础。分光光度法的应用光区包括紫外光区、可见光区及红外光区。

当一束强度为 I_0 的单色光垂直照射某物质的溶液后，由于一部分光背体系吸收，因此透射光的强度降至 I，则溶液的透光率 T 为：I/I_0。

根据朗伯（Lambert）-比尔（Beer）定律：

$$A=Kbc$$

式中：A —— 吸光度；

　　　b —— 溶液的厚度，cm；

　　　c —— 溶液的浓度，g/mL；

　　　K —— 吸光系数。其中吸光系数 K 与溶液的本性、温度以及波长等因素有
　　　　　　关。溶液中其他组分（如溶剂等）对光的吸收可用空白液扣除。

由上式可知，当固定溶液层厚度 b 和吸光系数时，吸光度 A 与溶液的浓度呈线性关系。在定量分析时，首先需要测定溶液对不同波长光的吸收情况（吸收光谱），从中确定最大吸收波长，然后以此波长的光作为光源，测定一系列已知浓度 c 溶液的吸光度 A，做出 $A—c$ 工作曲线。在分析未知溶液时，根据测量的吸光度 A，查工作曲线即可确定相应的浓度。这便是分光光度法测定未知浓度的基本原理。

2.4　实验用水的制备及要求

环境监测实验室用于监测实验的水，都必须先经过净化。分析要求不同，

对水质纯度的要求也不同。故应该根据不同的要求，采用不同的净化方法制得纯水。

分析化学实验室用的纯水一般有蒸馏水、二次蒸馏水、去离子水、无二氧化碳蒸馏水、无氨蒸馏水、超纯水等。

2.4.1 分析化学实验室用水的规格

根据《中国实验用水国家标准》（GB 6682—2008）的规定，分析化学实验室用水分为三个级别：一级水、二级水和三级水。

一级水用于有严格要求的分析实验，包括对颗粒有要求的实验，如高效液相色谱用水。一级水可用二级水经过石英设备蒸馏或离子交换联合处理后，再 0.2 μm 微孔滤膜过滤来制取。

二级水用于无机痕量分析等实验，如原子吸收光谱用水。二级水可用多次蒸馏或离子交换等制得。

三级水用于一般的化学分析实验。三级水可用蒸馏或离子交换的方法制得。

实验室使用的蒸馏水，为保持纯净，蒸馏水瓶要随时加塞，专用虹吸管内外应保持干净。蒸馏水周围不要放浓 HCl 等易挥发的试剂，以防污染。通常用洗瓶取蒸馏水。用洗瓶取水时，不要取出其塞子和玻管，也不要把蒸馏水瓶上的虹管插进洗瓶内。

通常，普通蒸馏水保存在玻璃容器中，去离子水保存在乙烯塑料容器内，用于痕量分析的高纯水，如二次亚沸石英蒸馏水，则需要保存在石英或聚乙烯塑料容器中。

2.4.2 各种纯度水的制备

（1）蒸馏水

将自来水在蒸发装置上加热气化，然后将蒸汽冷凝及得到蒸馏水。由于杂质离子一般不挥发，所以蒸馏水中所含杂质比自来水少得多，比较纯净，可达到三级水的标准，但还是有少量的金属离子和二氧化碳等杂质。

（2）二次亚沸石英蒸馏水

为了获得比较纯净的蒸馏水，可以进行重蒸馏，并在预备重蒸馏的蒸馏水中加进适当的试剂以抑制某些杂质的挥发。加进甘露醇能抑制硼的挥发，加进碱性高锰酸钾可破坏有机物并防止二氧化碳蒸出。二次蒸馏水一般可达到二级标准。

第二次蒸馏通常采用石英亚沸蒸馏器，其特点是在液面上方加热，使液面始终处于亚沸状态，可使水蒸气带出的杂质减至最低。

（3）去离子水

去离子水是使自来水或普通蒸馏水通过离子交换树脂柱后所得水。配制时，一般将水一次通过阳离子交换树脂柱、阴离子交换树脂柱和阴阳离子交换树脂柱。这样得到的水纯度高，质量可达到二级或一级水指标，但对非电解质及交替物质无效，同时会有微量的有机物从树脂溶出，因此，根据需要可将去离子水进行重蒸馏以得到高纯水。

（4）超纯水

水中的导电介质几乎完全去除，又将水中不离解的胶体物质、气体及有机物均去除至很低程度的水。电阻率大于 18 MΩ/cm，或接近 18.3 MΩ/cm（25℃）极限值。

2.5　实验常用玻璃仪器的洗涤及校准

2.5.1　玻璃仪器的洗涤

环境监测实验中使用的玻璃仪器必须清洁干燥，否则会影响实验结果的准确性。

附着在玻璃仪器上的污物一般分为三类：尘土和其他不溶性物质、可溶性物质以及油污、其他有机物质，可根据实验的要求、污物的性质和玷污的程度来选用不同清洗方法。

（1）自来水刷洗、超声波清洗

尘土、一般可溶性物质和其他不溶性物质可采用这种方法清洗，但对于油污和其他有机物质就很难洗去。

（2）去污粉或合成洗涤剂刷洗

先用自来水将仪器润湿，然后用试管刷蘸上去污粉或合成洗涤剂，刷洗润湿的器壁，直至玻璃表面的污物除去为止，最后再用自来水清洗干净。如果油污和有机物质用此法仍洗不干净，可用热的碱液清洗。

（3）复杂情况的清洗

若用以上常规方法仍清洗不干净，可视污物的性质采用适当的方法清洗。如黏附的固体残留物可用不锈钢网刮掉；酸性残留物可用 5%～10%碳酸钠溶液中和洗涤；碱性残留物可用 5%～10%盐酸溶液洗涤；氧化物可用还原性溶液洗涤，如二氧化锰褐色斑迹，可用 1%～5%草酸溶液洗涤；有机残留物可根据"相似相溶"原则，选择适当的有机溶剂进行清洗。另外，使用过的有机溶剂必须进行回收处理，以免污染环境。

（4）铬酸洗液洗

在进行精确的定量实验时，对仪器的洗净程度要求很高，所用仪器形状也比较特殊，例如口径较小、管细的仪器不易刷洗，这时需要用洗液清洗。洗液具有很强的氧化性、强酸性，能将仪器清洗干净，但同时对衣服、皮肤、桌面等有较强的腐蚀性，在使用过程中一定要特别小心。

清洗方法：往仪器内小心加入少量洗液，然后将仪器倾斜，慢慢转动，使仪器内壁全部为洗液所润湿。再小心转动仪器，使洗液在仪器内壁多流动几次，将洗液倒回原来的容器中，最后用自来水洗去残留的洗液。

使用洗液进行洗涤时应注意：

1）被清洗的器皿不宜有水，以免稀释而失效。

2）洗液如果呈绿色表明已失效不能使用，需要倒入废液缸内，不可随意倒入下水道内。

3）用洗液洗涤后的仪器，应先用自来水冲洗，再用蒸馏水或去离子水淋洗 2～3 次。洗净的仪器倒置使器壁上留有均匀的水膜，水在器壁上会无阻地流动。

2.5.2 玻璃仪器的干燥

实验室使用的仪器除了要求洗净外，还要求仪器干燥，不附有水膜。仪器常用的干燥方法如下。

（1）晾干

将洗净的仪器倒置在实验柜内或仪器晾晒架上，让水分自然挥发而干燥，缺点是耗时长，如果是不急用仪器的干燥可采用此法。

（2）烘干

将洗净的仪器，尽量倒干水后，放进烘箱内加热烘干，温度控制在 105℃左右（如果刚用乙醇或丙酮淋洗过的仪器，不能放进烘箱中，以免发生爆炸）。仪器放进烘箱口应该朝下，并在烘箱的最下层放一瓷盘，盛接从仪器上滴下的水，以免水滴在电热丝上造成电热丝受损。木塞或橡皮塞不能与仪器一同放在烘箱里干燥，玻璃塞虽然可以同时干燥，但也应该从仪器上取下，以免烘干后卡住，拿不下来。

（3）烤干

烧杯、蒸发皿等可放在石棉网上，用小火烤干。试管用试管夹夹住后，在火焰上来回移动，直至烤干，但试管口必须低于管底，以免水珠倒流到受热部位，引起试管炸裂，待烤到不见水珠后，将管口朝上赶尽水汽。

（4）有机溶剂干燥

加一些易挥发的有机溶剂（常用乙醇和丙酮）于干净的仪器中，将仪器淋洗一下，然后将淋洗液倒出，用吹风机按冷风→热风→冷风的顺序吹干或直接放在气流干燥器中进行干燥。

2.5.3　玻璃仪器的校准

容量瓶、滴定管是滴定分析法使用的主要量器。容量器皿的容积与其所标出的体积并非完全相符合。因此，在准确度要求较高的分析工作中，必须对容量器皿进行校准。由于玻璃具有热胀冷缩的特性，在不同的温度下容量器皿的体积也有所不同。因此，校准玻璃容量器皿时，必须规定一个共同的温度值，这一规定温度值为标准温度。国际上规定玻璃容量器皿的标准温度为20℃，即在校准时都将玻璃容量器皿的容积校准到20℃时的实际容积。

（1）容量瓶的校正

将待校正的容量瓶洗净干燥，干净烧杯中加入一定量纯水，将水及容量瓶同放于同一房间中，恒温后，记下水温（表2-3）。先称空量瓶及瓶塞重，然后加水至刻度，注意不可有水珠挂在刻度线以上。若挂水珠应用干燥滤纸条吸干，塞上瓶塞，再称定重量，减去空瓶重量即为容量瓶中水的重量，最后从表2-4查出水的重量，以此折算出容量瓶的真实容积。

表 2-3　容量瓶自校记录格式

温度	称量记录/g		水的质量/g	实际容量/mL	校正值/mL	总校正值/mL
	瓶+水	瓶				

表 2-4　玻璃容器中 1 mL 水在空气中用黄铜砝码称得重量

温度/℃	重量/g	温度/℃	重量/g	温度/℃	重量/g	温度/℃	重量/g
10	0.998 39	16	0.997 80	22	0.996 80	28	0.995 44
11	0.998 32	17	0.997 66	23	0.996 60	29	0.995 18
12	0.998 23	18	0.997 51	24	0.996 38	30	0.994 91
13	0.998 14	19	0.997 35	25	0.996 17	31	0.994 68
14	0.998 04	20	0.997 18	26	0.995 93	32	0.994 34
15	0.997 93	21	0.997 00	27	0.995 69	33	0.994 05

（2）滴定管的校正

50.00 mL 滴定管：取 50 mL 干燥具塞锥形瓶，精密称定。将待校正的滴定管中水面调至 0.00 mL 处，从滴定管中放水至锥形瓶中，待液面降至离 10.00 mL 刻度上约 5 mm 处时，等待 30 s，然后在 10 s 内将液面正确地调至 10.00 mL，盖上瓶塞，再次精密称定。按表 2-5 所列容量间隔进行分段校准，每次都从滴定管 0.00 mL 标线开始，每支滴定管重复校准一次。

表 2-5　滴定管自校记录格式

标准分段/mL	称量记录/g		水的质量/g	实际体积/mL	校正值/mL	总校正值/mL
	瓶+水	瓶				
0～10						
0～20						
0～30						
0～40						
0～50						

（3）移液管的校准

将 25.00 mL 移液管洗净，吸取去离子水调节至刻度，放入已称量的容量瓶中，再称量，根据质量计算在此温度下的实际体积。对于同一支移液管两次称量差，不得超过 20 mg，否则重新做校准。

第3章 水和废水的监测

3.1 水和废水环境监测方案的制订

3.1.1 实验目的

1）对江、河、水库、湖泊、海洋等地表水和地下水中的污染因子进行经常性的监测，以掌握水质现状及其变化趋势。

2）对生产、生活等废（污）水排放源排放的废（污）水进行监视性监测，掌握排放量、污染物浓度和排放总量，评价是否符合排放标准，为污染源管理提供依据。

3）对水环境污染事故进行应急监测，为分析判断事故原因、危害及制订对策提供依据。

4）为国家政府部门制订水环境保护标准、法规和规划提供有关数据和资料。

5）为开展水环境质量评价和预测预报及进行环境科学研究提供基础数据和技术手段。

3.1.2 现场调查和资料收集

3.1.2.1 现场调查

在基础资料收集的基础上，进行实地勘察，充分了解监测范围内道路、交通、点源等实际情况，为水体监测断面和采样点布设提供科学、实用的依据。

3.1.2.2 资料收集

1）水体的水文、气候、地质和地貌资料。

2）水体沿岸城市分布、工业布局、污染源及其排污情况、城市给排水情况等。

3）水体沿岸的资源现状和水资源的用途；饮用水水源分布和重点水源保护区；水体流域土地功能及近期使用计划等。

4）历年水质监测资料。

3.1.3 采样点的设置

3.1.3.1 湖（库）监测垂线采样点

1）≤5 m，1 点（水面下 0.5 m 处）。

2）5～10 m，若不分层，2 点（水面下 0.5 m、水底上 0.5 m）。

3）5～10 m，若分层，3 点（水面下 0.5 m、1/2 斜温层、水底上 0.5 m 处）。

4）>10 m，除水面下 0.5 m，水底上 0.5 m 处外，按每一斜温分层 1/2 处设置。

3.1.3.2 工业废水

在车间或车间处理设施的废水排放口设置采样点监测一类污染物；在工厂废水总排放口布设采样点，监测二类污染物；已有废水处理设施的工厂，在处理设施的总排放口布设采样点。如需了解废水处理效果，还要在处理设施进口布设采样点。

3.1.3.3 城市污水

城市污水管网的采样点设在非居民生活排水支管接入城市污水干管的检查井；城市污水干管的不同位置；污水进入水体的排放口；城市污水处理厂：在污水进口和处理后的总排口布设采样点。如需监测各污水处理单元效率，应在各处理设施单元的进、出口分别布设采样点。

3.1.4　监测内容确定

3.1.4.1　地表水监测项目

1）常测：水温、pH 值、溶解氧、高锰酸盐指数、化学需氧量、BOD_5、氨氮、总氮（湖、库）、总磷、粪大肠菌群。

2）选择性测定：铜、锌、硒、砷、汞、镉、铅、铬（六价）、氟化物、氰化物、硫化物、挥发酚、石油类、阴离子表面活性剂。

3.1.4.2　生活饮用水监测项目

常规检验项目：肉眼可见物、色、嗅和味、浑浊度、pH、总硬度、铝、铁、锰、铜、锌、挥发酚类、阴离子合成洗涤剂、硫酸盐、氯化物、溶解性总固体、耗氧量、砷、镉、铬（六价）、氰化物、氟化物、铅、汞、硒、硝酸盐、氯仿、四氯化碳、细菌总数、总大肠菌群、粪大肠菌群、游离余氯、总 α 放射性、总 β 放射性。

3.1.4.3　废（污）水监测项目

（1）第一类

1）在车间或车间处理设施排放口采样测定的污染物。

2）总汞、烷基汞、总镉、总铬、六价铬、总砷、总铅、总镍、苯并[a]芘、总铍、总银、总 α 放射性、总 β 放射性。

（2）第二类

1）在排污单位排放口采样测定的污染物。

2）包括 pH、色度、悬浮物、生化需氧量、化学需氧量、石油类、动植物油、挥发性酚、总氰化物、硫化物、氨氮、氟化物、磷酸盐、甲醛、苯胺类、硝基苯类、阴离子表面活性剂、总铜、总锌、总锰。

3.1.5　分析方法

1）国家或行业的标准分析方法：成熟性和准确度好，是评价其他监测分析方法的基准方法，也是环境污染纠纷法定的仲裁方法。

2）统一分析方法：经研究和多个单位的实验验证表明是成熟的方法。

3）试用方法：是在国内少数单位研究和应用过，或直接从发达国家引进，供监测科研人员试用的方法。

3.1.6　采样时间和频次

1）饮用水水源地、省（自治区、直辖市）交界断面中需要重点控制的监测断面每月至少采样一次。

2）国控水系、河流、湖、库上的监测断面，逢单月采样一次，全年 6 次。

3）水系的背景断面每年采样一次。

4）受潮汐影响的监测断面的采样，分别在大潮期和小潮期进行。每次采集涨、退潮水样分别测定。涨潮水样应在断面处水面涨平时采样，退潮水样应在水面退平时采样。

5）国控监测断面（或垂线）每月采样一次，在每月 5—10 日内进行采样。

6）如某必测项目连续三年均未检出，且在断面附近确定无新增排放源，而现有污染源排污量未增的情况下，每年可采样一次进行测定。一旦检出，或在断面附近有新的排放源或现有污染源有新增排污量时，即恢复正常采样。

7）遇有特殊自然情况，或发生污染事故时，要随时增加采样频次。

8）在流域污染源限期治理、限期达标排放的计划中和流域受纳污染物的总量削减规划中，以及为此所进行的同步监测。

9）为配合局部水流域的河道整治，及时反映整治的效果，应在一定时期内增加采样频次，具体由整治工程所在地方环境保护行政主管部门制定。

10）工业废水和城市污水的排放量和污染物浓度随工厂生产及居民生活情况常发生变化，采样时间和频率应根据实际情况确定。

3.1.7　监测结果分析与评价

按照不同监测指标的要求记录好原始数据，并对其进行平行样品的测定，对于大量的数据要求计算其标准偏差。

对于各指标的监测结果，最后要用相关的标准进行各监测指标的对比评价。

3.1.8　监测报告

按照水与废水监测项目要求的格式认真撰写。

3.2　水样的采集及预处理

3.2.1　水样的采集

3.2.1.1　水样的类型

1）瞬时水样：指在某一时间和地点从水体中随机采集的分散水样。

2）混合水样：在同一采样点于不同时间所采集的瞬时水样的混合水样，有时称"时间混合水样"，以与其他混合水样相区别。

3）综合水样：把不同采样点同时采集的各个瞬时水样混合后所得到的样品。

3.2.1.2　地表水样的采集

1）采样前的准备：选择适宜材质的盛水容器和采样器，并清洗干净。准备好交通工具。交通工具常使用船只。

2）采样方法：采集表层水时，可用桶、瓶等容器直接采取。一般将其沉至水面下 0.3～0.5 m 处采集，而不宜直接取表层水。采集深层水样时，则必须采用采水器，主要的采样器有常用采样器（简易采样器和单层采样器）、急流采样器、溶解氧采样器。

3.2.1.3　地下水样的采集

（1）采样要求

采集的水样应均匀，具有代表性。取样时，先用待取水样将水样瓶刷洗 2～3 次，再将水样采集于瓶中，所采集的水样不得受到任何污染。

取平行水样时，必须在相同条件下同时采集，容器材料也应相同。

采集的每个样品，均应在现场立即用石蜡封好瓶口，并贴上标签。标签上应注明样品编号、采样日期、水源种类、岩性、浊度、水温、气温。如加有保护剂，则应注明加入的保护剂名称及用量和测定要求等。

（2）采样方法

井水：从井中采集水样，必须在充分抽汲后进行，抽汲水量不得少于井内水体积的 2 倍，采样深度应在地下水水面 0.5 m 以下，以保证水样能代表地下水水质。

对封闭的生产井可在抽水时从泵房出水管放水阀处采样，采样前应将抽水管中存水放净。

泉水：对于自喷的泉水，可在涌口处出水水流的中心采样。采集不自喷泉水时，将停滞在抽水管的水汲出，新水更替之后，再进行采样。

自来水：出水口附近酒精喷洒或涂抹，把水龙头打开，让水流 10 min 左右，把水管里的存水流掉后再用洁净瓶取样。

3.2.1.4　废（污）水样的采集

1）浅层废（污）水：可从浅埋排水管、沟道中采样，用采样容器直接采集，也可用长把塑料勺采集。

2）深层废（污）水：可用深层采水器或固定在负重架内的采样容器，沉入检测井内采样。

3）自动采样：采用自动采水器可自动采集瞬时水样和混合水样。

3.2.1.5　注意事项

1）单独采样：测定悬浮物、pH 值、溶解氧、生化需氧量、油类、硫化物、余氯、放射性、微生物等。

2）必须充满容器：测定溶解氧、生化需氧量和有机污染物等项目的水样。

3）现场测定：pH 值、电导率、溶解氧等。

4）同步测量水文参数和气象参数。

5）采样时必须认真填写采样登记表；每个水样瓶都应贴上标签（填写采样点编号、采样日期和时间、测定项目等）。

6）要塞紧瓶塞，必要时还要密封。

3.2.2　水样的预处理

水样预处理的目的是得到欲测组分适合测定方法要求的形态、浓度和消除共存组分干扰的试样体系。通常有以下几种方式：①破坏有机物；②溶解悬浮性固体；③将各种价态的欲测元素氧化成单一高价态或转变成易于分离的无机化合物。

水样预处理的原则是：①最大限度去除干扰物；②回收率高；③操作简便省时；④成本低、对人体和环境无影响。

3.2.2.1　水样的消解

（1）湿法消解

1）硝酸消解法：可直接用于较清洁的地表水样的消解，方法要点是取混匀水样 50～200 mL 于锥形瓶中，加入 5～10 mL 浓硝酸，在电热板上加热蒸发至小体积，试液应清澈透明，呈浅色或无色，否则应补加硝酸继续消解。若有沉淀，应过滤，滤液冷至室温后于 50 mL 容量瓶中定容，备用。

2）硝酸-硫酸消解法：两种酸都有较强的氧化能力，其中硝酸沸点低，而硫酸沸点高，二者结合使用，可提高消解温度和消解效果。常用的硝酸与硫酸的比例为 5：2。

3）硝酸-高氯酸消解法：这两种酸都是强氧化性酸，联合使用可消解含难氧化有机物的水样。

4）硫酸-磷酸消解法：两种酸的沸点都比较高，其中硫酸氧化较强，磷酸能与一些金属离子如 Fe^{3+} 等络合，故二者结合消解水样，有利于测定时消除 Fe^{3+} 等离子的干扰。

5）硫酸-高锰酸钾消解法：常用于消解测定汞的水样。高锰酸钾是强氧化剂，在中性、碱性、酸性条件下都可以氧化有机物，其氧化产物多为草酸根，但在酸性介质中还可继续氧化。

6）多元消解法：为提高消解效果，在某些情况下需要采用三元以上酸或氧化剂消解体系。例如，处理测总铬的水样时，用硫酸、磷酸和高锰酸钾消解。

7）碱分解法：当用酸体系消解水样造成易挥发组分损失时，可改用碱分解法，即在水样中加入氢氧化钠和过氧化氢溶液，或者氨水和过氧化氢溶液，加热煮沸至近干，用水或稀碱溶液温热溶解。

（2）干式灰化法

处理过程：取适量水样于白瓷或石英蒸发皿中，置于水浴或用红外灯蒸干，移入马弗炉内，于 450～550℃灼烧至残渣呈灰白色，使有机物完全分解除去。取出蒸发皿，冷却，用适 2% HNO_3（或 HCl）溶解样品灰分，过滤，滤液定容后供测定。

不适用于处理测定易挥发组分（如砷、汞、镉、硒、锡等）的水样。

3.2.2.2 水样的分离与富集

水质监测中，被测组分往往含量极低，且有大量共存物质，因此，就需要进行样品的预富集和分离，以消除干扰，提高测定方法的灵敏度；富集和分离往往是不可分割、同时进行的。

（1）气提、顶空和蒸馏法

1）气提法：把惰性气体通入调制好的水样中，将欲测组分吹出，直接送入仪器测定，或导入吸收液吸收富集；如用分光光度法测定水样中硫化物时，先使之在磷酸介质中生成硫化氢，再用惰性气体载入乙酸锌-乙酸钠溶液吸收，以达到与母液分离的目的。

2）顶空法：常用于测定挥发性有机物（VOCs）水样的预处理。例如，测定水样中的挥发性有机物（VOCs）或挥发性无机物（VICs）时，先在密闭的容器中装入水样，容器上部留存一定空间，再将容器置于恒温水浴中，经一定时间，容器内的气液两相达到平衡。

3）蒸馏法：利用水样中各污染组分具有不同的沸点而使其彼此分离的方法，如对挥发酚、氰化物和氟化物等分离。

（2）萃取法

1）溶剂萃取法：基于物质在互不相溶的两种溶剂中分配系数不同，进行组分的分离和富集，如用气相色谱仪测定六六六和滴滴涕时，需先用石油醚萃取。

2）固相萃取法：水样中欲测组分与共存干扰组分在固相萃取剂上作用力强弱不同，使它们彼此分离。固相萃取剂是含 C18 或 C8、腈基、氨基等基团的特殊填料；如测定有机氯农药、苯二甲酸酯和多氯联苯等污染水样的预处理。

（3）吸附法

吸附法是利用多孔性的固体吸附剂将水样中一种或数种组分吸附于表面，再用适宜溶剂、加热或吹气等将欲测组分解吸，达到分离和富集的目的；物理吸附：活性炭吸附金属离子和有机物；多孔高分子聚合物主要吸附有机物；化学吸附：巯基棉的巯基官能团对烷基汞、汞、铜、铅、砷等具有很强的吸附作用。

（4）离子交换法

利用离子交换剂与溶液中的离子发生交换反应进行分离的方法。离子交换剂分为无机离子交换剂和有机离子交换剂两大类，广泛应用的是有机离子交换剂，即离子交换树脂；强酸性阳离子交换树脂一般用于富集金属阳离子；强碱性阴离子能富集强酸或弱酸的阴离子。

3.3　水中常见理化指标的测定——水温、色度、臭、浊度、pH、电导率和碱度

3.3.1　实验目的

1）了解水样七种常见理化指标。

2）学会水样中常见理化指标的测定方法。

3）熟练掌握水中常见理化指标的测定与分析。

3.3.2　水温的测定

水的物理化学性质与水温有密切关系。水中溶解性气体（如氧、二氧化碳等）的溶解度，水中生物和微生物活动，非离子氨、盐度、pH 值以及碳酸钙饱和度等都受水温变化的影响。

温度为现场监测项目之一，常用的测量仪器是水温计，主要用于地表水、污水等浅层水温的测量。

3.3.2.1　实验仪器

水温计。

3.3.2.2　测定

将水温计插入一定深度的水中，放置 5 min 后，迅速提出水面读数。当气温与水温相差较大时，尤其注意立即读数，避免受气温的影响。

3.3.2.3　注意事项

1）当现场气温高于 35℃或低于-30℃时，水温计在水中的停留时间要适当延长，以达到温度平衡。

2）在冬季的东北地区读数应在 3 s 内完成，否则会影响读数的准确性。

3.3.3 色度的测定

纯水为无色透明。清洁水在水层浅时应为无色，深层为浅蓝绿色。天然水中存在腐殖质、泥土、浮游生物、铁和锰等金属离子，均可使水体着色。

纺织、印染、造纸、食品、有机合成工业的废水中，常含有大量的染料、生物色素和有色悬浮微粒等，因此常常是使环境水体着色的主要污染源。有色废水常给人以不愉快感，排入环境后又使天然水着色，减弱水体的透光性，影响水生生物的生长。

水的颜色定义为"改变透射可见光光谱组成的光学性质"，可区分为"表观颜色"和"真实颜色"。没有去除悬浮物的水所具有的颜色，包括了溶解性物质及不溶解的悬浮物所产生的颜色，称为"表观颜色"，测定未经过滤或离心的原始水样的颜色即为"表观颜色"。"真实颜色"是指去除浊度后水的颜色。测定真色时，如水样浑浊，应放置澄清后，取上清液或用孔径为 0.45 μm 的滤膜过滤，也可经离心后再测定。对于清洁的或浊度很低的水，这两种颜色相近。对着色很深的工业废水，其颜色主要由于胶体和悬浮物所造成，故可根据需要测定"表观颜色"或"真实颜色"。

水的色度单位是度，即在每升溶液中含有 2 mg 的 $CoCl_2 \cdot 6H_2O$（相当于 0.5 mg Co）和 1 mg 的 Pt（以 H_2PtCl_6 的形式）时产生的颜色为 1 度。

3.3.3.1 方法选择

测定较清洁的、带有黄色色调的天然水和饮用水的色度，用铂钴色度测定仪测定，以度数表示结果。

对受工业废水污染的地表水和工业废水，可用文字描述颜色的种类和深浅程度，并以稀释倍数法测定色的强度。

3.3.3.2 样品的采集与保存

要注意水样的代表性。所取水样应为无树叶、枯枝等漂浮杂物。将水样盛于清洁、无色的玻璃瓶内，尽快测定。否则应在约 4℃ 冷藏保存，48 h 内测定。

3.3.3.3　测定

（1）采用铂钴标准比色法

最低检测色度为 5 度，测定范围 5~50 度。即使轻微的浑浊度也干扰测定，故浑浊水样需先离心使之清澈，然后取上清液测定。

用氯铂酸钾和氯化钴配成与天然水黄色色调相同的标准比色列，用于水样目视比色测定。规定每升水含有 1 mg Pt 和 0.5 mg Co 所具有的颜色作为一个色度单位，称为 1 度。

铂钴标准溶液配制：称取 1.246 g 氯铂酸钾（K_2PtCl_6）（相当于 500 mg Pt）、1.000 g 氯化钴（$CoCl_2 \cdot 6H_2O$）（相当于 250 mg Co），溶于 100 mL 纯水中，加入 100 mL 盐酸，用纯水定容至 1 000 mL。此标准溶液的色度为 500 度。

实验步骤如下：

1）取 50 mL 透明水样于比色管中。如水样浑浊应先进行离心，取上清液测定。如水样色度过高，可少取水样，加纯水稀释后比色，将结果乘以稀释倍数。

2）另取比色管 11 支，分别加入铂钴标准溶液 0 mL、0.50 mL、1.00 mL、1.50 mL、2.00 mL、2.50 mL、3.00 mL、3.50 mL、4.00 mL、4.50 mL 和 5.00 mL，加纯水至刻度，摇匀。配成的标准色列依次为 0 度、5 度、10 度、15 度、20 度、25 度、30 度、35 度、40 度、45 度和 50 度。此标准色列可长期使用，但应防止此溶液蒸发及被玷污。

3）在光线充足处，将水样与标准色列并列，依白纸为衬底，使光线从底部向上透过比色管，自管口向下垂直观察比色。

计算方法如下：

$$C = (A/B) \times 50$$

式中：C —— 水样的色度，度；

　　　A —— 水样相当于铂钴标准色列的色度；

　　　B —— 水样体积，mL。

（2）色度仪测定法

适用于清洁水、轻度污染并略带黄色调的水、比较清洁的地面水、地下水和饮用水等各类水质现场色度的定量测定。原理为铂钴标准比色法，光源波长为 380 nm。

采样和样品：所有与样品接触的玻璃器皿都要用盐酸或表面活性剂溶液加以

清洗，最后用蒸馏水、纯净水或去离子水洗净、沥干。将样品采集在容积至少为 0.5 L 的玻璃瓶内。将样品倒入 250 mL（或更大）量筒中，静置 15 min，倾取上层液体作为试样进行测定。

实验步骤如下：

1）用 3 mL 塑料吸管移取过滤后的蒸馏水至距离比色皿上沿 0.5 cm 处，擦净比色皿外壁，放入比色皿槽中，盖好比色槽盖，放置约 10 s。

2）按"开/关"键开机，仪器显示"----"，表示处于待机状态。

3）按"调零"键进行空白测量，仪器显示"0.00"，表示校零完成。

4）取出比色皿，倒掉空白溶液，移取被测样品至距离比色皿上沿 0.5 cm 处，擦净比色皿外壁，放入比色皿槽中，盖好比色槽盖。按"浓度"键进行样品测量，仪器上显示的数值即为被测样品的色度。

注意事项：

1）比色瓶（比色皿）插入比色槽中定位后，需放置 10～30 s 再测定。

2）比色皿插入比色槽中必须靠近左侧定位，盖好比色皿盖，否则影响测定结果。

3）测量结束后必须洗净比色瓶（比色皿）、定位器和瓶盖，以防止被腐蚀。

4）若水样有明显悬浮的大颗粒，用滤纸或微孔滤膜过滤；若混浊物较多可以用离心机离心将其除去；若水样有明显颜色需用活性炭脱色除去。

（3）稀释倍数法

将工业废水用蒸馏水稀释至用目视比较与无色水相比刚好看不见颜色时的稀释倍数作为表达颜色的强度，单位为倍。

实验步骤：取约 100 mL 澄清水样于烧杯中，以白色瓷板为背景，观察并描述其颜色种类。比色管底部衬一白瓷板，取澄清的水样 5 mL 至比色管中，加水至标线，此时的稀释倍数为 10 倍，以蒸馏水做对照，由上至下观察其颜色，若为无色，则减小稀释倍数；若仍有颜色则继续稀释，直至刚好看不出颜色，记录此时的稀释倍数。

3.3.4 臭

无臭无味的水虽不能保证其不含污染物，但有利于使用者对水质的信任。臭是检验原水和处理水质必测项目之一。检验臭对评价水处理效果也有意义，并可作为追查污染源的一种手段。

3.3.4.1　样品的采集与保存

样品应保存在具塞三角玻璃瓶中，尽快分析，不能用塑料容器盛水样。

3.3.4.2　测定

在 20℃和 50℃水浴恒温 10 min 后闻其臭，用适当的词句描述臭特性，并按 6 个等级报告臭强度（表 3-1）。

表 3-1　臭强度等级

等级	强度	说明
0	无	无任何气味
1	微弱	一般饮用者难以察觉，嗅觉敏感者可以察觉
2	弱	一般饮用者刚能察觉
3	明显	已能明显察觉，不加处理，不能饮用
4	强	有很明显的臭味
5	很强	有强烈的恶臭

3.3.5　浊度

浊度是由于水中含有泥土、粉砂、微细有机物、无机物、浮游生物等悬浮物和胶体物所造成的，可使光折射或吸收。浊度是指水中悬浮物对光线透过时所发生的阻碍程度。水的浊度不仅与水中悬浮物质的含量有关，还与它们的大小、形状及折射系数等有关。水质分析中规定：1 L 水中含有 1 mg SiO_2 所构成的浊度为 1 个标准浊度单位，简称 1 度。通常浊度越高，溶液越浑浊。

3.3.5.1　样品的采集与保存

样品保存在具塞玻璃瓶中，尽快分析。如需保存，可 4℃冷藏，暗处保存 24 h，测试前要激烈振摇水样并恢复到室温。

3.3.5.2　测定

测定浊度的方法有分光光度法、目视比浊法和浊度计法，本实验用浊度计法。

浊度计法：浊度计发出光线，使之穿过一段样品，并从与入射光呈 90°的方向上检测有多少光被水中的颗粒物所散射，称为散射法。光源为 890 nm 波长的高发射强度的红外发光二极管，以确保使样品颜色引起的干扰达到最小。任何真正的浊度都必须按这种方式测量。浊度计既适用于野外和实验室内的测量，也适用于全天候的连续监测。

3.3.5.3　实验步骤

1）打开后，仪器先进行全功能的自检，自检完毕后，将 0 度标准溶液放入测量槽，按 CAL（校准）键，约 50 s 后校准完毕，开始测量。

2）将完全搅拌均匀的水样倒入干净的比色皿内，距瓶口 1.5 cm，盖紧保护黑盖（不能拧得过紧），擦净外壁后放入测量池，保护黑盖上的标志对准箭头，按读数键，约 25 s 后浊度值就会显示出来。

3）若数值≤40 度，可直接读数。

4）若＞40 度，需稀释。读出未稀释样品的值 T_1，取样体积 $V = 3\,000/T_1$，无浊度水定容至 100 mL。按上述步骤测定其浊度 T_2。浊度 $= T_2 \times 100/V$。

3.3.5.4　注意事项

1）用待测水样润洗比色皿 2～3 次后，将待测液沿边缘缓慢倒入，以减少气泡。

2）每次以同样的力盖紧保护黑盖。

3）读完数后将废弃的样品倒掉，避免腐蚀比色皿。

3.3.6　pH 值

天然水的 pH 值多在 6～9，这也是我国污水排放标准中的 pH 值控制范围。pH 值是水化学中常用的和最重要的检验项目之一。由于 pH 值受水温影响而变化，测定时应在规定的温度下进行或校正温度。

3.3.6.1　实验仪器

pH 计。

3.3.6.2　实验步骤

（1）校准

打开 pH 计，预热 10 min 后，将标准缓冲液倒入小烧杯内，调节仪器温度补偿至待测水样温度处，选用与水样 pH 值相差不超过 2 个 pH 单位的标准溶液校准仪器。校准时电极在标液中搅动 5 s，静置 30 s 后按"校准"键。从第一个标准溶液中取出电极，彻底冲洗，并用滤纸吸干。再浸入第二个标准溶液中，其 pH 值约与第一个相差 3 个 pH 单位，如测定值与第二个标准溶液 pH 值之差大于 0.1 pH 单位时，就要检查仪器、电极或标准溶液是否有问题。当三者均无异常时方可测定水样。

（2）测定

先用蒸馏水仔细冲洗电极，再用待测样清洗，然后将电极浸入水样中，小心搅拌 5 s，静置 30 s 后按"读数"键，待读数稳定后记录 pH 值。使用完毕后关掉仪器。

3.3.7　电导率

电导率是以数字表示溶液传导电流的能力。其定义是电极截面积为 1 cm^2，极间距离为 1 cm 时，该溶液的电导，单位为 S/cm（西门子/厘米）。在水分析中常用 μS/cm（微西门子/厘米）表示水的电导率。纯水电导率很小，当水中含无机酸、碱时，电导率增加。电导率用于间接推测水中离子成分的总浓度。水的电导率取决于离子的性质和浓度、溶液的温度和黏度等。

新蒸馏水电导率为 0.5～2 μS/cm，存放一段时间后，由于空气中的 CO_2 或 NH_3 的溶入，电导率可上升至 2～4 μS/cm；饮用水电导率在 5～1500 μS/cm；海水电导率约为 30 000 μS/cm；清洁河水电导率为 100 μS/cm。电导率随温度变化而变化，温度每升高 1 ℃，电导率增加约 2%，通常规定 25 ℃为电导率的标准温度。

3.3.7.1　实验仪器

电导率仪。

3.3.7.2　实验步骤

（1）校准

打开电导率仪，将标准溶液倒入小烧杯内，插入电极，调节仪器温度至待测水样温度处，调节电极常数后选择适当的测量范围。

（2）测定

先用蒸馏水仔细冲洗电极，再用待测样清洗，然后将电极浸入水样中，待读数稳定后记录电导率值。使用完毕后关掉仪器。

3.3.7.3　注意事项

1）用前要校准。

2）电极插入水样中，注意电极上的小孔必须在水面下。

3）最好使用塑料容器盛待测水样。

3.3.8　碱度

水的碱度是指水中所含能与强酸定量作用的物质总量。水中产生碱度的物质主要由碳酸盐产生的碳酸盐碱度和碳酸氢盐产生的碳酸氢盐碱度，以及由氢氧化物存在而产生的氢氧化物碱度。所以，碱度是表示水中 CO_3^{2-}、HCO_3^-、OH^- 及其他一些弱酸盐类的总和。这些盐类的水溶液都呈碱性，可以用酸来中和。然而，在天然水中，碱度主要是由 HCO_3^- 的盐类所组成。碱度的测定值因使用的指示剂终点 pH 值不同而有很大差异。对于天然水和未污染的地表水，可以直接以酸滴定至 pH=8.3 时消耗的量为酚酞碱度，以酸滴定至 pH 为 4.4～4.5 时消耗的量为甲基橙碱度。碱度常用于评价水体的缓冲能力及金属在其中的溶解性和毒性，是对水和废水处理过程控制的判断性指标。

通常用酸碱滴定法测定水的碱度。用酚酞做指示剂，用标准酸溶液滴定水样，达到终点，所测得的碱度称为酚酞碱度，此时水样中所含全部氢氧根和二分之一碳酸根与酸化合。在滴定酚酞碱度的水样中加入甲基橙指示剂，继续用标准酸溶液滴定达到终点时（包括酚酞碱度的用量），所测得的碱度称为甲基橙碱度，也称总碱度，此时水样中所含碳酸氢根全部被中和。

3.3.8.1　实验仪器及试剂

1）三角烧瓶（250 mL），酸式滴定管（50 mL）。

2）盐酸标准溶液（0.10 mol/L），酚酞指示剂（10 g/L 的 95%乙醇溶液），甲基橙指示剂（1 g/L 的水溶液）。

3.3.8.2　实验步骤

（1）盐酸标准溶液（0.10 mol/L）标定

称取 0.10～0.15 g 无水 Na_2CO_3（化学计量点 pH = 3.9）3 份于锥形瓶中，加入 25 mL 蒸馏水，3 滴甲基橙指示剂，用 HCl 标准溶液滴定至溶液颜色由黄色变为橙色即为终点。

（2）酚酞碱度的测定（P-碱）

移取 50 mL 水样于 250 mL 三角烧瓶中，加 3 滴酚酞指示剂，若不显色，说明酚酞碱度为 0，若显红色，用 HCl 标准溶液滴定至红色刚好褪去为终点，记录 HCl 标准溶液用量（V_1）。

（3）总碱度的测定（T-碱）

在测定酚酞碱度后的水样中，再加入 3 滴甲基橙指示剂，继续用 HCl 标准溶液滴定至刚好出现橙红色为终点。记录下 HCl 标准溶液的用量（包括酚酞碱度用量）（V_2）。

3.3.8.3　数据处理

盐酸标准溶液浓度 $C = 2\,000\, m_{(Na_2CO_3)} / M_{(Na_2CO_3)} V_{(HCl)}$（平行三次求平均）

酚酞碱度 $P = CV_1 \times 50.05 \times 1\,000/V$

总碱度 T（以 $CaCO_3$ 计，mg/L）$= CV_2 \times 50.05 \times 1\,000/V$

式中：C —— 盐酸标准溶液浓度，mol/L；

　　　V —— 水样体积，mL；

　　　m —— 质量，mg；

　　　V_1 —— 用酚酞指示剂时，滴定消耗盐酸标准溶液体积，mL；

　　　V_2 —— 用甲基橙指示剂后，滴定消耗盐酸标准溶液体积，mL；

　　　50.05 —— 1/2 $CaCO_3$ 的摩尔质量，g/mol。

假设水中的碱度全部由氢氧化物、碳酸盐、重碳酸盐形成，则水中氢氧化物、碳酸根、碳酸氢根的关系见表 3-2。

表 3-2　水中氢氧化物、碳酸根、碳酸氢根碱度关系表

滴定结果	氢氧化物碱度（以 $CaCO_3$ 计）	碳酸盐碱度（以 $CaCO_3$ 计）	碳酸氢根碱度（以 $CaCO_3$ 计）
$P = 0$	0	0	T
$2P < T$	0	$2P$	$T - 2P$
$2P = T$	0	$2P$	0
$2P > T$	$2P - T$	$2(T - P)$	0
$P = T$	T	0	0

3.3.8.4　注意事项

1）水样中不能含有大量余氯及强氧化剂，不能有太大的浊度、色度。

2）碱度小的水样如蒸汽冷凝液，脱盐水和锅炉给水等应采用微量滴定管和低浓度的酸标准溶液。

3.3.9　实验结果

水中常见理化指标的测定数据见表 3-3。

表 3-3　水中常见理化指标的测定数据

样品名称	水温	色度	臭	浊度	pH 值	电导率	碱度
自来水							
人工湖							
污水站进水							
污水站出水							
蒸馏水							

3.3.10　思考题

1）引起天然水呈现浊度的物质有哪些？

2）测定溶液 pH 值时为什么要先用标准 pH 缓冲溶液进行定位？

3.4　水体叶绿素 a 的测定

3.4.1　实验目的

掌握水体叶绿素 a 的测定原理和方法。

3.4.2　实验原理

叶绿素是植物光合作用中的重要光合色素。通过测定浮游植物叶绿素，可掌握水体的初级生产力情况。在环境监测中，可将叶绿素 a 含量作为湖泊富营养化的指标之一。

叶绿素是植物进行光合作用的主要脂溶性色素，它在光合作用的光吸收中起核心作用。所有光合器官中都含有叶绿素。叶绿素 a 溶于乙醇、乙醚、丙酮等，难溶于石油醚，有旋光，主要吸收橙红光合蓝光。因此，这两种光对光合作用最有效。当植物细胞死亡后，叶绿素即游离出来，游离叶绿素不稳定，光、热、酸、碱、氧化剂都会使其分解。在酸性条件下，叶绿素中的镁原子很容易被代替，绿色消失而变黄，叶绿素生成绿褐色的脱镁叶绿素，加热时反应迅速。

叶绿素的实验测量方法有分光光度法、荧光法、色谱法，其中以传统的分光光度法应用最为广泛。根据叶绿体色素提取液对可见光谱的吸收，利用分光光度计在某一特定波长下测定其吸光度，即可用公式计算出提取液中各色素的含量。

根据朗伯-比尔定律，某有色溶液的吸光度 A 与其中溶质浓度 c 和液层厚度 L 成正比，即：$A=\alpha \cdot c \cdot L$。式中，α 为比例常数。当溶液浓度以百分比浓度为单位，液层厚度为 1 cm 时，α 为该物质的吸光系数。各有色物质溶液在不同波长下的吸光系数可通过测定已知浓度纯物质在不同波长下的吸光度而求得。

3.4.3　实验试剂及仪器

1）紫外可见分光光度计。

2）真空泵。

3）离心机。

4）乙酸纤维滤膜（孔径 0.45 μm）。

5）抽滤器。

6）组织研磨器。

7）10 mL 离心管。

8）碳酸镁粉末。

9）90%丙酮。

3.4.4 实验样品保存

水样采集后应放置在阴凉处，避免日光直射。最好立即进行测定的预处理，如需经过一段时间（4～48 h）方可进行预处理，则应将水样保存在低温（0～4℃）避光处。在每升水中加入1%碳酸镁悬浊液 1 mL，防止酸化引起色素溶解。水样在冰冻情况下（-20℃）可保存 30 d。

3.4.5 实验步骤

1）取离心或过滤浓缩水样，在抽滤器上装好乙酸纤维滤膜。倒入一定体积的水样进行抽滤，抽滤时负压不能过大（50 kPa）。水样抽完后，继续抽 1～2 min，减少滤膜上的水分。

2）将带有浮游植物的滤膜取出放入研磨器，在研磨器中加入少量碳酸镁粉末和 2～3 mL 90%的丙酮，充分研磨。取上层液倒入 10 mL 离心管中。

3）再用 2～3 mL 丙酮，研磨提取，取上层液。重复上述步骤，直至滤膜完全消失。

4）将装有上层液的离心管用离心机（6 000 r/min）离心 5 min。将上清液转移至新的离心管，定容至 10 mL，摇匀。

5）将上清液倒入 1 cm 光程的比色皿，用分光光度计读取 750 nm、663 nm、645 nm、630 nm 波长的吸光度，并以 90%的丙酮做空白吸光度测定，进行校正。

3.4.6 实验结果

叶绿素 a 的含量按如下公式计算：

叶绿素 a 的含量（mg/m^3）=

$$\frac{[11.64 \times (A_{663} - A_{750}) - 2.16 \times (A_{645} - A_{750}) + 0.10 \times (A_{630} - A_{750})] \times V_1}{V \times \delta}$$

式中：V —— 水样体积，L；

A —— 吸光度，cm^{-1}；

V_1 —— 提取液定容后体积，mL；

δ —— 比色皿光程，cm。

表 3-4　实验数据记录表——样品吸光度

样品编号	过滤水样体积/mL	750 nm	663 nm	645 nm	630 nm	提取液定容体积/mL	叶绿素 a 含量/（mg/L）

3.4.7　思考题

通常在提取叶绿体色素时都使用含有一定比例水分的有机溶剂（95%乙醇或90%丙酮），为什么不直接使用纯溶剂？

3.4.8　注意事项

1）使用的玻璃器皿和比色皿均应清洁、干燥、无酸，不要用酸浸泡或洗涤；吸收池要事先用 90%丙酮溶液校正。

2）750 nm 处的吸光度用来校正浑浊度。由于在 750 nm 处，提取液的吸光度对丙酮和水的比例变化非常敏感，因此对于丙酮提取液的配制要严格遵守 90 份丙酮比 10 份水（体积比）；用 10 mm 吸收池，750 nm 的吸光度大于 0.005 时，需将溶液再次离心分离。

3）使用斜头离心机时，容易产生二次沉淀物。为减少这一问题，可使用外旋式离心头，并在离心前瞬间加入过量碳酸镁。

4）在研钵中用 90%丙酮溶液提取叶绿素时，可能会研磨不充分导致不能完全提取。也可用外筒玻璃代替研钵，研棒用特氟隆制的均化器。

5）因为叶绿素对光敏感，故实验操作需尽量在微弱的光照下进行。

3.5 水中溶解氧的测定——碘量法

3.5.1 实验目的

1）掌握碘量法滴定原理。

2）掌握碘量法测定溶解氧的方法和原理。

3.5.2 实验原理

溶解在水中的分子态氧称为溶解氧，天然水的溶解氧含量取决于水体于大气中氧的平衡。溶解氧的饱和含量与空气中氧的分压、大气压、水温有密切关系。一般在 20℃条件下饱和溶解氧浓度为 8～9 mg/L。盐度对水中饱和溶解氧浓度也有影响。在天然水体中一般氧气浓度小于饱和溶解氧浓度，这是因为水体中存在有机物（特别是被污染的水体），微生物即细菌能够利用这些有机物进行生长，同时消耗溶解氧。清洁地表水中溶解氧接近饱和，由于藻类生长，溶解氧可能过饱和。水体受有机物、无机物污染时溶解氧降低；当大气中的氧气来不及补充时，水中溶解氧逐渐降低，趋近于零，此时厌氧菌繁殖，水质恶化，鱼虾死亡。

溶解氧的测定，一般用碘量法。在水中加入硫酸锰及碱性碘化钾溶液，生成氢氧化锰沉淀。此时氢氧化锰极不稳定，迅速与溶解氧化合生成锰酸锰，加入浓硫酸使棕色沉淀与溶液中所加碘化钾发生发应，析出碘，溶解氧越多，析出碘越多，溶液颜色越深。

$$MnSO_4+2NaOH = Mn(OH)_2\downarrow +Na_2SO_4$$

$$2Mn(OH)_2+O_2 = 2MnO(OH)_2$$

$$MnO(OH)_2+Mn(OH)_2 = MnMnO_3\downarrow （棕色沉淀）+2H_2O$$

$$MnMnO_3+3H_2SO_4+2KI = 2MnSO_4+I_2+3H_2O+K_2SO_4$$

$$I_2+2Na_2S_2O_3 = 2NaI+Na_2S_4O_6$$

用移液管取一定量的反应完毕的水样,以淀粉做指示剂,用标准溶液滴定,计算水中溶解氧的含量。

3.5.3 实验试剂及仪器

(1)仪器

300 mL 溶解氧瓶、25 mL 滴定管、250 mL 锥形瓶、50 mL 移液管、吸耳球。

(2)试剂

1)1+5 硫酸:1 体积浓硫酸(密度为 1.84 g/cm³)+5 体积纯水。

2)硫酸锰溶液:称取 480 g 硫酸锰(MnSO₄·4H₂O 或 364 g MnSO₄·H₂O)溶于水,定容至 1 000 mL。此溶液加入酸化碘化钾中,遇淀粉不得显蓝色。

3)碱性碘化钾溶液:称取 500 g NaOH 溶于 300~400 mL 去离子水中,另称取 150 g KI(或 135 g NaI)溶于 200 mL 去离子水中,待 NaOH 溶液冷却后,将两溶液混合均匀并稀释至 1 000 mL。如有沉淀,静置 24 h,倒出上清液,贮存于棕色瓶。塞紧橡皮塞,避光保存。此溶液酸化后,遇淀粉不得显蓝色。

4)1%淀粉溶液:称取 1 g 可溶性淀粉,用少量水调成糊状,用沸水冲稀释至 100 mL。冷却后,加入 0.1 g 水杨酸或 0.4 g ZnCl₂ 防腐。

5)重铬酸钾标准溶液($C_{1/6K_2Cr_2O_7}$=0.025 00 mol/L):称取在 105~110℃烘干 2 h 的 K₂Cr₂O₇ 1.225 8 g,溶于水中,转移至 1 000 mL 容量瓶中,用水稀释至刻线,摇匀。

6)硫代硫酸钠溶液:称取 6.2 g 硫代硫酸钠(Na₂S₂O₃·5H₂O),溶于 1 000 mL 煮沸放凉的水中,加入 0.2 g 碳酸钠,贮于棕色瓶中。暗处放置 7~14 d 后标定。

标定:于 250 mL 碘量瓶中,加入 100 mL 水和 1 g KI,用移液管吸取 10.00 mL 0.002 5 mol/L K₂Cr₂O₇ 标准溶液、5 mL(1+5)硫酸,密塞摇匀。置于暗处 5 min,取出用硫代硫酸钠溶液滴定至由棕色变为淡黄色,加入 1 mL 淀粉溶液,滴定至蓝色恰好褪去为止,记录用量(表 3-5)。

$$硫代硫酸钠浓度(mol/L):C=\frac{10.00\times0.025}{V}$$

式中:V——滴定时消耗硫代硫酸钠体积,mL。

表 3-5　硫代硫酸钠溶液标定数据记录

编号	滴定时消耗硫代硫酸钠体积/mL	硫代硫酸钠浓度/（mol/L）

3.5.4　实验样品预处理

3.5.4.1　水样采集

采样时，用水样冲洗溶解氧瓶后，用虹吸法将水样导入溶解氧瓶底部并溢流溶解氧瓶体积的 1/3～1/2。注意不要产生气泡。

3.5.4.2　溶解氧的固定

用刻度管吸取 1 mL $MnSO_4$ 溶液，在液面下加入溶解氧瓶中。按上述方法，再加入 2 mL 碱性碘化钾溶液。盖紧瓶盖，颠倒混合数次，静置。待沉淀物下降至瓶内一半时，再混合颠倒一次，待沉淀物降至瓶底。现场固定。

3.5.5　实验步骤

1）析出碘：轻轻打开瓶盖，立即用吸管在液面下加入 2.0 mL 浓硫酸，盖紧瓶盖。颠倒混合，直至沉淀物全部溶解为止。放在暗处静置 5 min。

2）样品测定：用移液管吸取 100.0 mL 上述溶液于 250 mL 锥形瓶中，用 $Na_2S_2O_3$ 标准溶液滴定至溶液呈淡黄色，加入 1 mL 淀粉溶液。继续滴定至蓝色刚好褪去，记录硫代硫酸钠溶液用量。

3.5.6　实验数据

溶解氧测定数据记录见表 3-6。

表 3-6　溶解氧测定数据记录

样品编号	硫代硫酸钠标准溶液浓度/（mol/L）	消耗溶液体积/mL	溶解氧浓度/（mg/L）

3.5.7　实验结果

$$C_{O_2} = \frac{CV \times 8 \times 1\,000}{100}$$

式中：C_{O_2} —— 水中溶解氧浓度，mg/L；

　　　C —— 硫代硫酸钠标准溶液浓度，mol/L；

　　　V —— 硫代硫酸钠标准溶液用量，mL。

3.5.8　思考题

1）在固定溶解氧时，若棕色沉淀不明显，说明什么问题？

2）溶解氧固定后，加入浓硫酸，暗处放置 5 min，有何作用？以化学方程式说明。

3.5.9　注意事项

采样时不可搅动水体，以免对溶解氧数值产生影响，不能准确判断水体概况。

3.6　水中钙和镁总量、总硬度的测定——EDTA 滴定法

3.6.1　实验目的

1）掌握配位法测定水中钙镁硬度的原理及方法。

2）了解金属指示剂的特点，掌握铬黑 T 和钙指示剂的使用条件。

3.6.2　实验原理

水的总硬度是指 Ca^{2+}、Mg^{2+} 的总量，一般折算成 CaO 的量来衡量。EDTA 络合滴定水中钙、镁硬度是测定水硬度应用最广泛的方法。配位滴定时，首先发生金属离子与指示剂间的反应，然后滴加配合剂 EDTA，EDTA 夺取已与指示剂结合的金属离子，同时释放出指示剂。反应式如下：

$$\begin{array}{ccccc} M & + & In & = & MIn \\ \text{金属离子} & & \text{指示剂} & & \text{配合物} \end{array}$$

$$MIn + EDTA = M\text{-}EDTA + In$$

pH=10 时，以铬黑 T 作指示剂，测定 Ca^{2+}、Mg^{2+}的总量，配合物稳定性大小顺序为：Ca-EDTA＞Mg-EDTA＞MgIn＞CaIn，加入铬黑 T 后，首先与 Mg^{2+}结合，生成稳定的酒红色配合物，滴入的 EDTA 则先与游离 Ca^{2+}配位，再与游离 Mg^{2+}作用，最后夺取与铬黑 T 配位的 Mg^{2+}，使指示剂释放出来，溶液由酒红色变为纯蓝色（指示剂颜色）则为滴定终点。

pH=12 时，测定 Ca^{2+}含量，此时以 $Mg(OH)_2$ 沉淀形式存在不干扰测定，钙指示剂与 Ca^{2+}结合成红色配合物，滴入 EDTA 后，先与游离 Ca^{2+}作用，再进一步夺取与钙指示剂配位的 Ca^{2+}使溶液由红色变为纯蓝色（指示剂颜色）。

3.6.3 实验试剂及仪器

3.6.3.1 试剂

1）氨-氯化铵缓冲溶液，pH=10。
2）10% NaOH 溶液。
3）EDTA 标准溶液，c =0.010 00 mol/L。
4）铬黑 T 指示剂，钙指示剂。
5）Mg-EDTA 溶液。

3.6.3.2 仪器

1）酸式滴定管。
2）移液管。
3）锥形瓶。

3.6.4 实验步骤（含标准曲线的制作）

3.6.4.1 水样总硬度的测定

用移液管移取 50.00 mL 水样于 250 mL 锥形瓶中，加入 5 mL NH_3-NH_4Cl 缓冲溶液，10 滴 Mg-EDTA 溶液，3～4 滴铬黑 T 指示剂，用 0.010 00 mol/L EDTA 标准溶液滴定至溶液由酒红色变为纯蓝色，即为滴定终点，平行滴定 3 次。

3.6.4.2　水样钙硬度的测定

用移液管移取 50.00 mL 水样于 250 mL 锥形瓶中，加入 2 mol/L NaOH 8～10 mL，充分振荡，放置数分钟，加 8 滴钙指示剂，用 0.010 00 mol/L EDTA 标准溶液滴定至溶液由酒红色变为纯蓝色即为滴定终点，平行滴定 3 次。

3.6.5　实验数据（含实验原始数据记录表）

（1）水的总硬度的测定（表 3-7）

表 3-7　测定水的总硬度实验记录

消耗 EDTA 的体积/mL	水样编号		
	1	2	3
$V_{EDTA 终}$			
$V_{EDTA 初}$			
V_{EDTA}			
$V_{EDTA 平均}$			

（2）水样钙硬度的测定（表 3-8）

表 3-8　测定水样钙硬度实验记录

消耗 EDTA 的体积/mL	水样编号		
	1	2	3
$V_{EDTA 终}$			
$V_{EDTA 初}$			
V_{EDTA}			
$V_{EDTA 平均}$			

3.6.6　实验结果

（1）总硬度计算

$$CaO（mg/L）=\frac{V_{平均EDTA} \times C_{EDTA} \times 56.08}{40.00} \times 1000$$

（2）钙硬度计算

$$Ca（mg/L）=\frac{V_{平均EDTA} \times C_{EDTA} \times 40.08}{40.00} \times 1\,000$$

（3）镁硬度计算

$$Mg（mg/L）=CaO（mg/L）-Ca（mg/L）$$

3.6.7　思考题

1）为什么测定钙、镁总硬度的 pH 值要为 10，而测定钙硬度时 pH 值要为 12？

2）使用固体指示剂取量应注意什么？

3）本实验采用的为铬黑 T 指示剂，能否用二甲酚橙代替吗？

4）水中若存在 Fe^{3+}、Al^{3+} 等离子，将会对测定产生什么影？应如何消除？

3.7　高锰酸盐指数的测定——酸性法（COD_{Mn}）

3.7.1　实验目的

1）掌握 $KMnO_4$ 溶液的配制方法。

2）了解高锰酸盐指数测定的意义及表示方法。

3）掌握高锰酸钾法测定高锰酸盐的原理和方法。

3.7.2　实验原理

水样加入硫酸使呈酸性后，加入一定量的高锰酸钾溶液，并在沸水浴中加热反应一定的时间。剩余的高锰酸钾，用草酸钠溶液还原并继续加入至过量，再用高锰酸钾溶液回滴过量的草酸钠，通过计算求出高锰酸钾指数数值。

在 H_2SO_4 酸性溶液中 MnO_4^- 与 $C_2O_4^{2-}$ 的反应：

$$2MnO_4^- + 5C_2O_4^{2-} + 16H^+ = 2Mn^{2+} + 10CO_2 \uparrow + 8H_2O$$

显然高锰酸盐指数是一个相对的条件性指标，其测定结果与溶液的酸度、高锰酸盐浓度、加热温度和时间有关。因此，测定时必须严格遵守操作规定，使结果具有可比性。

（1）方法适用范围

酸性法适用于氯离子含量不超过 300 mg/L 的水样。

当水样的高锰酸盐指数数值超过 10 mg/L 时，则酌情分取少量，并用水稀释后再测定。

（2）水样的采集和保存

水样采集后，应加入硫酸使 pH 值调至＜2，以抑制微生物活动。样品应尽快分析，并在 48 h 内测定。

3.7.3　实验试剂及仪器

3.7.3.1　仪器

1）沸水浴装置。

2）移液管。

3）250 mL 锥形瓶。

4）25 mL 酸式滴定管。

3.7.3.2　试剂

1）高锰酸钾储备液（1/5 $KMnO_4$ = 0.1 mol/L）：称取 3.2 g 高锰酸钾溶于 1.2 L 水中，加热煮沸，使体积减少至约 1 L，在暗处放置过夜，用 G-3 玻璃砂芯漏斗过滤后，滤液贮于棕色瓶中保存。

2）高锰酸钾使用液（1/5 $KMnO_4$ = 0.01 mol/L）：吸取 100 mL 上述高锰酸钾溶液，移入 1 000 mL 容量瓶中，用水稀释至标线，贮于棕色瓶中。使用当天应进行标定。

3）（1+3）硫酸。

4）草酸钠标准储备液（1/2 $Na_2C_2O_4$ = 0.100 mol/L）：称取 0.670 5 g 在烘箱内于 105～110℃烘干 1 h 并将冷却的优级纯草酸钠溶于水，移入 100 mL 容量瓶中，用水稀释至标线。

5）草酸钠标准使用液（1/2 $Na_2C_2O_4$ = 0.010 0 mol/L）：吸取 10.00 mL 上述草酸钠溶液，移入 100 mL 容量瓶中，用水稀释至标线。

3.7.4　实验步骤

1）分取 100 mL 混匀水样（如高锰酸钾指数高于 10 mg/L，则酌情少取一点，并用水稀释至 100 mL）于 250 mL 锥形瓶中。

2）加入 5 mL（1+3）硫酸，摇匀。

3）加入 10.00 mL 0.01 mol/L 高锰酸钾溶液，摇匀，立刻放入沸水浴中加热 30 min（从水浴重新沸腾起计时）。沸水浴液面要高于反应溶液的液面。

4）取下锥形瓶，趁热加入 10.00 mL 0.010 0 mol/L 草酸钠标准溶液，摇匀。立即用 0.01 mol/L 高锰酸钾溶液滴定至显微红色，保持 30 s 不褪色，即为滴定终点，记录高锰酸钾溶液消耗量。

5）高锰酸钾溶液浓度的标定：将上述已滴定完毕的溶液加热至约 70℃，准确加入 10.00 mL 草酸钠标准溶液（0.010 0 mol/L），再用 0.01 mol/L 高锰酸钾溶液滴定至显微红色，保持 30 s 不褪色，即为滴定终点，记录高锰酸钾溶液消耗量，按下式求得高锰酸钾溶液的校正系数（K）：

$$K = \frac{10.00}{V}$$

式中：V——高锰酸钾溶液消耗量，mL。

若水样经稀释时，应同时另取 100 mL 水，同水样操作步骤进行空白试验。

3.7.5　实验结果

（1）水样不经稀释

高锰酸盐指数（O_2，mg/L）= $\dfrac{\left[(10+V_1)K-10\right] \times M \times 8 \times 1000}{100}$

式中：V_1——滴定水样时，高锰酸钾溶液的消耗量，mL；

　　　K——校正系数。

（2）水样经稀释

高锰酸盐指数（O_2，mg/L）=

$$\frac{\left\{\left[(10+V_1)K-10\right]-\left[(10+V_0)K-10\right] \times C\right\} \times M \times 8 \times 1000}{V_2}$$

式中：V_0——空白试验中高锰酸钾溶液消耗量，mL；

　　　V_2——分取水样量，mL；

　　　C——稀释水样中含水的比值，例如，10.0 mL 水样，加 90 mL 水稀释至 100 mL，则 $C = 0.90$。

3.7.6　思考题

1）为什么处理水样时加热温度不能太高？

2）为什么开始滴定的速度不能太快？

3）滴定终点达到后溶液呈粉红色，为什么放置一些时间粉色会褪去？

3.7.7　注意事项

1）在水浴中加热完毕后，溶液仍保持淡红色，如变浅或全部褪去，说明高锰酸钾的用量不够。此时，应将水样稀释倍数加大后再测定，使加热氧化后残留的高锰酸钾为其加入量的 1/3～1/2 为宜。

2）温度控制：在酸性条件下，草酸钠和高锰酸钾的反应温度应保持在 70～80℃，所以滴定操作必须趁热进行，若溶液温度过低，需适当加热。低于此温度或室温下反应速度极慢，温度超过 90℃，$H_2C_2O_4$ 部分分解导致标定结果偏高。同时要保证沸水浴的水面要高于锥形瓶内的液面。

3）酸度控制：滴定应在一定酸度的 H_2SO_4 介质中进行，一般滴定开始时，溶液 H^+ 浓度应为 0.5～1 mol/L，滴定终了时应为 0.2～0.5 mol/L。酸度过低，MnO_4^- 会部分被还原成 MnO_2；酸度过高会促进 $H_2C_2O_4$ 分解。

4）滴定速度：滴定时应待第 1 滴 KMnO₄ 红色褪去之后再滴入第 2 滴，因为滴定反应速度极慢，只有滴入 KMnO₄ 反应生成 Mn^{2+} 作为催化剂时，滴定才逐渐加快。否则在热的酸性溶液中，滴入的 KMnO₄ 来不及和 $C_2O_4^{2-}$ 反应而发生分解，导致标定结果偏低。

$$4MnO_4^- + 12H^+ = 4Mn^{2+} + 5O_2\uparrow + 6H_2O$$

3.8　生化需氧量（BOD₅）的测定

3.8.1　实验目的

1）理解 BOD₅ 的含义及测定条件。

2）了解水样预处理的原理与预处理方法。

3.8.2　实验原理

生物化学需氧量（BOD）定义为：在规定的条件下，微生物分解存在水中的某些可氧化物质，特别是有机物所进行的生物化学过程所消耗的溶解氧量。该过程进行的时间很长，如在 20℃培养条件下，全程需 100 d，根据国际统一规定，在 20℃左右的温度下，培养 5 d 后测出的结果，称为五日生化需氧量，记为 BOD_5，其单位用质量浓度 mg/L 表示。

对于一般生活污水和工业废水，虽含较多有机物，如果样品含有足够的微生物和具有足够的氧气，就可以将样品直接进行测定，但为了保证微生物生长的需要，需加入一定量的无机营养盐（磷酸盐、钙、镁和铁盐）。

某些不含或少含微生物的工业废水、碱度高的废水、高温或氯化杀菌处理的废水等，测定前应接入可以分解水中有机物的微生物，这种方法称为接种。对于一些废水中存在着难被一般生活污水中微生物以正常速度降解的有机物或含有剧毒物质时，可以将水样适当稀释，并用驯化后含有适应性微生物的接种水进行接种。

一般监测水质的 BOD_5 只包括含碳有机物氧化的耗氧量和少量无机还原性物质的耗氧量。由于许多二级生化处理的出水和受污染时间较长的水体中，往往含有大量硝化微生物，这些微生物达到一定数量就可以产生硝化作用的生化过程。为了抑制硝化作用的耗氧量，应加入适量的硝化抑制剂。

3.8.3　实验试剂及仪器

使用的玻璃器皿在实验前应认真清洗，防止油污、沾尘。玻璃器皿干燥后方能使用。

（1）常用实验室设备

1）生化培养箱，温度控制在 20℃左右，可连续无故障运行。

2）充氧设备，充氧动力常采用无油空气压缩机（或隔膜泵、氧气瓶、真空泵）。充氧流程可分为正压和负压两种流程。

3）BOD 培养瓶，容积 550 mL。

4）样品运输贮藏箱，温度保持在 0～4℃。

5）250 mL 溶解氧瓶或具塞试剂瓶 2～6 个。

6）50 mL 滴定管 2 支。

7）1 mL 移液管 3 支，25 mL、100 mL 移液管各 1 支。

8）10 mL、100 mL 量筒各 1 个。

9）250 mL 碘量瓶 2 个。

（2）试验用试剂

采用分析纯试剂。实验用水采用重蒸蒸馏水。

1）硫酸锰溶液：将 $MnSO_4 \cdot 4H_2O$ 480 g 或 $MnSO_4 \cdot 2H_2O$ 400 g 溶于蒸馏水中，过滤后稀释成 100 mL（此溶液中不能含有高价锰，试验方法是取少量溶液加入碘化钾及稀硫酸后溶液不能变成黄色，如变成黄色表示有少量碘析出，即溶液中含高价锰）。

$$MnO_3^{2-} + 2I^- = I_2 + Mn^{2+} + 3H_2O$$

2）碱性碘化钾溶液：溶解 500 g 氢氧化钠于 300～400 mL 蒸馏水中，冷却至室温。另外溶解 300 g 碘化钾于 200 mL 蒸馏水中，慢慢加入已冷却的氢氧化钠溶液，摇匀后稀释至 1 000 mL（切勿溅到皮肤和衣物上），如有沉淀，则放置过夜取上清液，贮藏于塑料瓶或棕色试剂瓶（橡胶塞）。

3）浓硫酸。

4）1%淀粉指示液：称取 2 g 可溶性淀粉，溶于少量蒸馏水中，调成糊状。用 200 mL 沸水冲开。冷却后加入 0.25 g 水杨酸或 0.8 g 氯化锌，防腐。此溶液遇碘变蓝，若变紫，则表示部分变质，要重新配制。

5）（1+1）硫酸：将浓硫酸与水等体积混合。

6）2 mol/L（$1/2H_2SO_4$）。

7）盐溶液：下述溶液至少可稳定 1 个月，应贮存于玻璃瓶内，置于暗处。一旦发现有生物滋长现象，应弃去不用。

• 磷酸盐缓冲溶液：将 8.5 g 磷酸二氢钾（KH_2PO_4）、21.75 g 磷酸氢二钾（K_2HPO_4）、33.4 g 七水磷酸氢二钠（$NaH_2PO_4 \cdot 7H_2O$）和 1.7 g 氯化铵（NH_4Cl）溶于 500 mL 水中，稀释至 1 000 mL。此缓冲溶液 pH 应为 7.2。

• 七水硫酸镁（22.5 g/L）：将 22.5 g 七水硫酸镁（$MgSO_4 \cdot 7H_2O$）溶于水中，稀释至 1 000 mL 并混合均匀。

• 氯化钙（27.5 g/L）：将 27.5 g 无水氯化钙（$CaCl_2$）溶于水，稀释至 1 000 mL。并混合均匀。

• 硫代硫酸钠溶液（$c_{Na_2S_2O_3} = 0.025$ mol/L）：称取 6.2 g 硫代硫酸钠（$Na_2S_2O_3 \cdot 5H_2O$）溶于煮沸放冷的蒸馏水中，加入 0.2 g 碳酸钠，用水稀释至

1 000 mL。贮于棕色瓶中，使用前用重铬酸钾（$c_{1/6K_2Cr_2O_7}$=0.025 0 mol/L）标准溶液标定，方法如下：

标定反应：

$K_2Cr_2O_7+6KI+7H_2SO_4$＝$Cr_2(SO_4)_3$（硫酸铬，绿色）$+3I_2+4K_2SO_4+7H_2O$

$I_2+2Na_2S_2O_3$＝$2NaI+Na_2S_4O_6$（连四硫酸钠，无色）

C=10.00×0.025 0/V

式中：C——硫代硫酸钠溶液浓度，mol/L；

V——硫代硫酸钠溶液消耗量，mL。

8）氢氧化钠，0.5 mol/L。

9）盐酸，0.5 mol/L。

10）稀释水，即实验用水。

11）接种水。

①城市污水。

②待测样品经生化处理构筑物的出水处的出水。

③当工业废水中含有难降解有机物时，取该工业废水排水口下游3～8 km处的水作为接种水；如无此种水源，采用驯化菌种的方法在实验室培养含有适应于待测样品的接种水，建议采用如下方法：取中和或稀释后的该水样进行连续曝气，每天加少量新鲜水样。同时加入适量表层土壤，花园土壤或生活污水，使能适应水样的微生物大量繁殖。当水中出现大量絮状物，或分析其化学需氧量的降低值出现突变时，表明适应的微生物已经繁殖，可做接种水。一般驯化需3～8 d。

12）接种的稀释水：根据需要和接种水的来源，向每升稀释水10）中加入1.0～5.0 mL接种水11）中的一种。

已接种的稀释水的5 d（20℃）耗氧量应在0.3～1.0 mg/L。

3.8.4 实验步骤

（1）实验前准备工作

1）实验前8 h将生化培养箱接通电源，并使温度控制在20℃下正常运行。

2）将实验用稀释水、接种水和接种的稀释水放入培养箱内恒温备选用。

（2）水样预处理

1）水样的pH值不在6.5～7.5时：先做单独实验，确定需要的盐酸9）或氢氧化钠溶液8）的体积，再中和样品，不管有无沉淀形成。若水样的酸度或碱度很高，可改用高浓度的碱或酸进行中和，确保用量不少于水样体积的 0.5%。

2）含有少量游离氯的水样，一般放置 1～2 h 后，游离氯即可消失。对于游离氯在短时间内不能消失的水样，可加入适量的亚硫酸钠溶液，以除去游离氯。

3）从水温较低的水体中或富营养化的湖泊中采集的水样，应迅速升温至 20℃左右，否则会造成结果偏高。

4）若待测水样没有微生物或微生物活性不足时，都要对样品进行接种。如以下几种工业废水：

①未经生化处理的工业废水。

②高温高压或经卫生杀菌的废水，特别要注意食品加工工业的废水和医院生活污水。

③强酸强碱型的工业废水。

④高 BOD_5 值的工业废水。

⑤含铜、锌、铅、砷、铬、镉、氰等有毒物质的工业废水。

以上的工业废水都需采用接种的稀释水进行稀释，保证微生物浓度。

3.8.5　实验测定

3.8.5.1　不经稀释水样的测定

1）溶解氧含量较高、有机物含量较少的地表水，可不经稀释而直接以虹吸法将约 20℃ 的混匀水样转移入两个溶解氧瓶内，转移过程应注意不产生气泡。以同样的操作使两个溶解氧瓶充满水样后溢出少许，加塞。瓶内不应有气泡。

2）其中一瓶随即测溶解氧，另一瓶的瓶口进行水封后，放入培养箱中，20℃培养 5 d。培养过程中注意添加封口水。

3）培养 5 d 后，弃去封口水，测定剩余溶解氧。

3.8.5.2　需经稀释水样的测定

稀释倍数的确定：根据实践经验，提出下述计算方法，供稀释时参考。

（1）地表水

用测得的高锰酸盐指数与一定的系数的乘积，即求得稀释倍数。高锰酸盐指数与系数的关系见表 3-9。

表 3-9　高锰酸盐指数与系数

高锰酸盐指数/（mg/L）	系数	高锰酸盐指数/（mg/L）	系数
<5	—	10～20	0.4、0.6
5～10	0.2、0.3	>20	0.5、0.7、0.9

（2）工业废水

由重铬酸钾法测得的 COD 值来确定，同程需作单个稀释比。

使用稀释水时，由 COD 值分别乘以系数 0.075、0.15、0.225，即获得 3 个稀释倍数。

使用接种稀释水时，则分别乘以系数 0.075、0.15、0.25，即获得 3 个稀释倍数。

3.8.5.3　稀释操作

（1）一般稀释法

按照选定的稀释比例，用虹吸法沿筒壁先引入部分稀释水（或接种稀释水）于 1 000 mL 量筒中，加入需要量的均匀水样，再加入稀释水（或接种稀释水）至800 mL，用带胶板的玻璃棒小心上下搅匀。搅拌时勿使胶板露出水面，防止产生气泡。

按照上述相同步骤操作，测定培养 5 d 前后的溶解氧。

另取两个溶解氧瓶，用虹吸法装满稀释水（或接种稀释水）作为空白试验，测定培养 5 天前后的溶解氧。

（2）直接稀释法

直接稀释法是在溶解氧瓶内直接稀释。在已知两个容积相同（相差<1 mL）的溶解氧瓶内，用虹吸法加入部分稀释水（或接种稀释水），再加入根据瓶容积和稀释比例计算出来的水样量，然后用稀释水（或接种稀释水）使刚好充满，加塞，勿留气泡。

3.8.5.4　溶解氧的测定

碘量法，详见水中溶解氧的测定。

表 3-10 硫代硫酸钠溶液标定数据记录

编号	滴定时消耗硫代硫酸钠体积/mL	硫代硫酸钠浓度/（mol/L）

表 3-11 溶解氧测定数据记录

样品编号	硫代硫酸钠标准溶液浓度/（mol/L）	消耗溶液体积/mL	溶解氧浓度/（mg/L）

表 3-12 BOD$_5$ 数据记录

样品编号	培养温度/℃	BOD$_5$/（mg/L）

3.8.6 实验结果

（1）不经稀释直接培养的水样

$$BOD_5 = DO_1 - DO_2$$

式中：BOD$_5$ —— 水样的值，mg/L；

　　　DO$_1$ —— 水样在培养前的溶解氧浓度，mg/L；

　　　DO$_2$ —— 水样在培养 5 d 后的溶解氧浓度，mg/L。

（2）经稀释后培养的水样

$$BOD_5 = \frac{(C_1 - C_2) - (B_1 - B_2) \cdot \alpha_1}{\alpha_2}$$

式中：C_1 —— 水样培养前的溶解氧浓度，mg/L；

　　　C_2 —— 水样培养 5 d 后溶解氧浓度，mg/L；

　　　B_1 —— 稀释水（或接种稀释水）在培养前的溶解氧浓度，mg/L；

B_2 —— 稀释水（或接种稀释水）在培养 5 d 后的溶解氧浓度，mg/L；

α_1 —— 稀释水（或接种稀释水）在培养液中所占比例；

α_2 —— 水样在培养液中所占比例。

3.8.7 仪器快速测定法：OxiTop BOD 快速测定法

（1）仪器测定法原理

无泵压差法。模拟自然界有机物降解过程：测试上方空气中的氧气不断补充水中消耗的溶解氧，有机物降解过程产生的 CO_2 被密封盖中的 NaOH 吸收，压力传感器实时监测样品瓶中压力变化。生化需氧量（BOD）与气体压力之间建立相关性，通过仪器对这种相关性进行处理，进而在仪器屏幕上直接显示出 BOD 值。

估算 BOD_5 值取废水样：期望 BOD_5 值 ≈ 80%COD 值。

选择对应量程及准确样品体积与因子（表 3-13）。

表 3-13　样品体积及相应因子

样品体积/mL	量程/（mg/L）	因子
432	0～40	1
365	0～80	2
250	0～200	5
164	0～400	10
97	0～800	20
43.5	0～2 000	50
22.7	0～4 000	100

（2）测量步骤

1）样品准备及装入测量瓶。

2）把电磁搅拌子放入测量瓶。

3）把 2 粒氢氧化钠试剂片放到橡皮塞中（注意：药片不能加到样品瓶中）。

4）把橡皮塞放到测量瓶颈部。

5）把 OxiTop 测量头直接拧到样品瓶上。

6）启动测量。

7）5 d 后读数。

3.8.8　**思考题**

1）生化需氧量代表的是水体的什么性质？

2）生化需氧量与化学需氧量之间的关系？

3.8.9　**注意事项**

1）根据废水浓度高低及毒性大小确定使用稀释水、接种水还是稀释接种水，若稀释比大于 100，将分两步或几步进行稀释。

2）培养时注意避光，防止藻类生长影响测定结果。

3.9　**水中硝酸盐氮的测定——紫外分光光度法**

3.9.1　**实验目的**

1）掌握紫外分光测定水中硝酸盐氮原理和方法。

2）学习离子交换树脂使用方法。

3.9.2　**实验原理**

水中硝酸盐是在有氧环境下，亚硝氮和氨氮等含氮化合物中最稳定的形态，亦是含氮有机物经无机化作用最终的分解产物。水中硝酸盐氮测定方法很多，有酚二磺酸光度法、镉柱法、戴氏合金还原法、离子色谱法、紫外法和电极法等。目前多采用紫外法和电极法。

利用硝酸盐在紫外区有特征吸收，建立了双波长紫外分光光度法测定水中硝酸盐氮。硝酸根离子在 220 nm 处的吸收而定量测定硝酸盐氮。溶解的有机物在 220 nm 处也会有吸收，而硝酸根离子在 275 nm 处没有吸收。因此，在 275 nm 处做测量以校正数值。

3.9.3　**实验试剂及仪器**

（1）仪器

紫外分光光度计，离子交换柱（$\varphi = 1.4$ cm，树脂层高 5～8 cm）。

（2）试剂

1）氢氧化铝悬浮液：溶解 125 g 硫酸铝钾或硫酸铝铵于 1 000 mL 水中，加热至 60℃，加入 55 mL 浓氨水并不断搅拌。冷却后，移入 1 000 mL 量筒，用水反复洗涤沉淀，最后至洗涤液中不含亚硝酸盐为止。澄清后，将上清液全部倾出，只剩黏稠悬浮物，加 100 mL 水。使用前摇匀。

2）10%硫酸锌溶液。

3）5 mol/L NaOH 溶液。

4）大孔径中性树脂：CAD-40 或 XAD-2 型及类似性能树脂。

5）甲醇。

6）1 mol/L 盐酸。

7）硝酸盐标准贮备液：称取 0.721 8 g 烘干 2 h 的优级纯硝酸钾（KNO_3）溶于水中，定容至 1 000 mL，加 2 mL 三氯甲烷做保存剂，可稳定 6 个月。此溶液每毫升含 0.100 mg 硝酸盐氮。

8）0.8%氨基磺酸溶液，避光冰箱中保存。

3.9.4 实验步骤

1）吸附柱制备：新的大孔径中性树脂先用 200 mL 水分两次洗涤，用甲醇浸泡过夜，弃去甲醇，再用 40 mL 甲醇分两次洗涤，然后用新鲜去离子水冲洗直到无出水乳白色为止。树脂装入柱中时，不可有气泡。

2）水样的测定：量取 200 mL 水样，加入 2 mL 硫酸锌溶液，在搅拌下滴入氢氧化钠溶液，调 pH 值为 7。或将 200 mL 水样调至 pH=7，再加 4 mL 氢氧化铝悬浮液。待絮凝胶团下沉后，或经离心分离，吸取 100 mL 上清液分两次洗涤吸附柱，以每秒 1～2 滴的流速流出，各个样品间保持一致，弃去。用水样上清液流过柱子，收集 50 mL，备测定用。树脂用 150 mL 水分 3 次洗涤，备用。树脂吸附容量较大，可处理 50～100 个地表水水样。使用多次后，用未接触过橡胶制品的新鲜去离子水做参比，在 220 nm、275 nm 处测吸光度，应接近零。若超过仪器允许误差时，需甲醇再生。

3）加 10 mL 盐酸溶液，0.1 mL 氨基磺酸溶液于比色管中，当亚硝酸盐氮低于 0.1 mg/L 时，可不加氨基磺酸溶液。

4）用光程 10 mm 的石英比色皿，在 220 nm、275 nm 波长处，以经过树脂吸附的新鲜去离子水 50 mL+1 mL 盐酸溶液为参比，测量吸光度。

5）标准曲线的绘制：于 5 个 200 mL 容量瓶中分别加入 0.50 mL、1.00 mL、2.00 mL、3.00 mL、4.00 mL 的硝酸盐氮贮备溶液，用新鲜去离子水稀释至刻线，其质量浓度分别为 0.25 mg/L、0.50 mg/L、1.00 mg/L、1.50 mg/L、2.00 mg/L 硝酸盐氮。操作步骤同步骤 4）。

3.9.5 实验数据

原始数据记录表如下。

表 3-14 标准曲线吸光度记录

吸光度	标线浓度/（mg/L）					
	0.00	0.25	0.50	1.00	1.50	2.00
A_{220}						
A_{275}						
$A_{校}$						

表 3-15 水样测试结果记录

水样编号	吸光度			硝酸盐氮浓度/（mg/L）
	A_{220}	A_{275}	$A_{校}$	

3.9.6 实验结果

硝酸盐氮的含量按下式计算：

$$A_{校} = A_{220} - A_{275}$$

硝酸盐氮含量从标准曲线对应得出。若水样经稀释，应乘以稀释倍数。

3.9.7 思考题

列举其他测定硝酸盐氮的方法及其优缺点。

第4章　土壤与固体废弃物监测

4.1　土壤与固体废弃物监测方案制订

4.1.1　实验目的

1）监测土壤质量现状，了解土壤主要污染情况。

2）为土壤现状及土壤污染评价提供实验依据。

3）为环境管理者提出合理建议。

4.1.2　现场调查和资料收集

1）土壤污染与所处的自然环境有关，如土壤类型、土壤环境背景值；地表水和地下水、地质条件等。

2）土壤污染与社会环境有关，特别是工业生产与废弃物排放密切相关；与污染源分布、工农业空间布局有关。

3）农业土地利用类型。施用农药、化肥的累计情况和农业机械的使用（油料、电池）等。

4.1.3　采样点的设置

根据实地考察结果，结合不同区域地形特点，采用不同的布点方案。

4.1.4　监测内容确定

（1）土壤基本理化指标

土壤干物质、水分；土壤溶解性矿物质盐、pH 值；土壤总有机碳，土壤热值；

总氮、总磷、有效磷、有效钾。

（2）土壤重金属

Cu、Zn、Pb。

4.1.5 分析方法

土壤常见指标测试方法见表 4-1。

表 4-1 土壤常见指标测试方法

监测项目	仪器	测定方法	方法来源
铜	原子吸收分光光度计	火焰原子吸收分光光度法	GB/T 17139—1997
锌	原子吸收分光光度计	火焰原子吸收分光光度法	GB/T 17139—1997
铅	原子吸收分光光度计	石墨炉火焰原子吸收分光光度法	GB/T 17141—1997
pH 值	pH 计	pH 测定	《全国土壤污染状况调查样品分析测试技术规定》
总磷	钼锑抗光度法	分光光度计	NY/T 88—1988
总氮	微量法	分光光度计	NY/T 53—1987
总有机碳	重铬酸钾容量滴定法		《全国土壤污染状况调查样品分析测试技术规定》
水分	重量法	天平	NY/T 52—1987

4.1.6 采样时间和频次

为了解土壤污染状况，可随时采集样品进行测定。如需同时掌握在土壤上生长的作物受污染状况，可依季节变化或作物收获期采集。

4.1.7 监测结果分析与评价

（1）检测标准

《土壤环境质量标准》（GB 15618—2008）。

（2）评价方法

1）土壤单项污染指数法。

2）土壤综合污染指数法。

4.1.8 监测报告

按照相应实验项目要求的格式认真撰写。

4.2 土壤样品采集及预处理

4.2.1 实验目的

1）了解土壤样品采集方法。

2）学习、掌握土壤样品预处理技术。

4.2.2 实验原理

4.2.2.1 布点方法

（1）简单随机

将监测单元分成网格，每个网格编上号码，决定采样点样品数后，随机抽取规定的样品数的样品，其样本号码对应的网格号，即为采样点。随机数的获得可以利用掷骰子、抽签、查随机数表的方法。关于随机数骰子的使用方法可参照《利用随机数骰子进行随机抽样的办法》（GB 10111）。简单随机布点是一种完全不带主观限制条件的布点方法。

（2）分块随机

根据收集的资料，如果监测区域内的土壤有明显的几种类型，则可将区域分成几块，每块区域内污染物较均匀，块间的差异较明显。将每块作为一个监测单元，在每个监测单元内再随机布点。在正确分块的前提下，分块布点的代表性比简单随机布点好，如果分块不正确，分块布点的效果可能会适得其反。

（3）系统随机

将监测区域分成面积相等的几部分（网格划分），每网格内布设一个采样点，这种布点称为系统随机布点。如果区域内土壤污染物含量变化较大，系统随机布点比简单随机布点所采样品的代表性要好（图 4-1）。

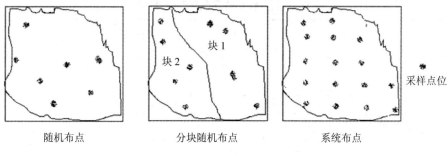

图 4-1　布点方式示意

4.2.2.2　采样

采样点可采表层样或土壤剖面。一般监测采集表层土，采样深度 0～20 cm，特殊要求的监测（土壤背景、环评、污染事故等）必要时选择部分采样点采集剖面样品。剖面的规格一般为长 1.5 m、宽 0.8 m、深 1.2 m。挖掘土壤剖面要使观察面向阳，表土和底土分两侧放置。

一般每个剖面采集 A、B、C 3 层土样。地下水位较高时，剖面挖至地下水出露时为止；山地丘陵土层较薄时，剖面挖至风化层。

对 B 层发育不完整（不发育）的山地土壤，只采 A、C 两层。

干旱地区剖面发育不完善的土壤，在表层 5～20 cm、心土层 50 cm、底土层 100 cm 左右采样。

水稻土按照 A 耕作层、P 犁底层、C 母质层（或 G 潜育层、W 潴育层）分层采样，对 P 层太薄的剖面，只采 A、C 两层（或 A、G 层或 A、W 层）。

4.2.2.3　土样的保存

对于含有易分解或易挥发等不稳定组分的样品要采取低温保存的运输方法，并尽快送到实验室分析测试。测试项目需要新鲜样品的土样，采集后用可密封的聚乙烯或玻璃容器在 4℃ 以下避光保存，样品要充满容器。避免用含有待测组分或对测试有干扰的材料制成的容器盛装保存样品，测定有机污染物用的土壤样品要选用玻璃容器保存。具体保存条件见表 4-2。

表 4-2 新鲜样品的保存条件和保存时间

测试项目	容器材质	温度/℃	可保存时间/d	备注
金属（汞和六价铬除外）	聚乙烯、玻璃	<4	180	
汞	玻璃	<4	28	
砷	聚乙烯、玻璃	<4	180	
六价铬	聚乙烯、玻璃	<4	1	
氰化物	聚乙烯、玻璃	<4	2	
挥发性有机物	玻璃（棕色）	<4	7	采样瓶装满、装实并密封
半挥发性有机物	玻璃（棕色）	<4	10	采样瓶装满、装实并密封
难挥发性有机物	玻璃（棕色）	<4	14	

4.2.3 实验仪器

1）土壤采样器。

2）聚乙烯瓶。

3）玻璃瓶。

4.2.4 实验样品预处理

4.2.4.1 风干

采集回来的土壤样品必须尽快进行烘干，即将取回的土壤样品置于阴凉、通风且无阳光直射的房间内，并将样品平铺于晾土架、油布、牛皮纸或塑料布上，铺成薄薄的一层自然风干。风干供微量元素分析使用的土壤样品时，要特别注意不能用含铅的旧报纸或含铁的器皿衬垫。干燥过程也可以在低于40℃并有空气流通的条件下进行（如鼓风干燥箱内）。当土壤样品达到半干状态时，需将大土块（尤其是黏性土壤）捏碎，以免完全风干后结成硬块，不易压碎。此外，土壤样品的风干场所要求能防止酸、碱等气体及灰尘污染。某些土壤性状（如土壤酸碱度、亚铁、硝态氮及铵态氮等）在风干的过程中会发生显著的变化，因而这些分析项目需用新鲜的土壤样品进行测定，不需进行土壤样品的风干步骤，但新鲜土壤样品较难压碎和混匀，称样误差比较大，因而需采用较大称样量或较多次的平行测定，才能得到较为可靠的平均值。

4.2.4.2　分选

若取回的土壤样品太多，需将土壤样品混匀后平铺与塑料薄膜上摊成厚薄一致的圆形，用"四分法"去掉一部分土壤样品，最后留取 0.5～1 kg 待用。

4.2.4.3　挑拣

样品风干及分选过程中应随时将土壤样品中侵入体、新生体和植物残渣挑拣出去。如果挑拣的杂物太多，应将其挑拣于器皿内，分类称其重量，同时称量剩余土壤样品的重量，折算出不同类型杂质的百分率，并做好记录。细小已断的植物根系，可以在土壤样品磨细前利用静电或微风吹的办法清除干净。

4.2.4.4　研磨

风干后的土壤样品平铺，用木碾轻轻碾压，将碾碎的土壤样品用带有筛底和筛盖的 1 mm 筛孔的筛子过筛。未通过筛子的土粒，铺开后再次碾压过筛，直至所有土壤样品全部过筛，只剩下砾石为止。将剩余的砾石挑拣并入砾石中处理，切勿碾碎。通过 1 mm 筛孔的土壤样品进一步混匀，并用"四分法"分为两份，一份供物理性状分析用，另一份供化学性状分析用。某些土壤性状（如土壤 pH 值、交换性能及速效养分等）在测定中，如果土壤样品研磨太细，则容易破坏土壤矿物晶粒，使分析结果偏高。因而在研磨过程中只能用木碾滚压，使得由土壤黏土矿物或腐殖质胶结起来的土壤团粒或结粒破碎，而不能用金属锤捶打以致破坏单个的矿物晶粒，暴露出新的表面，增加有效养分的浸出。某些土壤性状（如土壤硅、铁、铝、有机质及全氮等）在测定中，则不受磨细的影响，而且为了使得样品容易分解或熔化，需要将样品磨得更细。

4.2.4.5　过筛

通过 1 mm 筛孔的用于化学分析的土壤样品，采用"四分法"或者"多点法"分取样品，通过研磨使其成为不同粒径的土壤样品，以满足不同分析项目的测定要求。应该注意的是供微量金属元素测定的土壤样品，要用尼龙筛子过筛，而不能使用金属筛子，以免污染样品，而且每次分取的土壤样品需全部通过筛孔，绝不允许将难以磨细的粗粒部分弃去，否则将造成样品组成的改变而失去原有的代表性。具体过筛程序如下：

1）通过 0.5 mm 筛孔：取部分通过 1 mm 筛孔直径的土壤样品，经过研磨使其通过 0.5 mm 筛孔直径，通不过的再研磨过筛，直至全部通过为止。过筛后的土壤样品可测定碳酸钙含量。

2）通过 0.25 mm 筛孔：取部分通过 0.5 mm 或 1 mm 筛孔的土壤样品部分，经过研磨使其全部通过 0.25 mm 筛孔，做法同 1）。此样品可测定土壤代换量、全氮、全磷及碱解氮等项目。

3）通过 0.149 mm 筛孔：取部分通过 0.25 mm 筛孔的土壤样品部分，经过研磨使其全部通过 0.149 mm 筛孔，做法同 2）。此样品可测定土壤有机质。

4.2.4.6 装瓶

过筛后的土壤样品经充分混匀，装入具磨塞的广口瓶、塑料瓶内，或装入牛皮纸袋内，容器内及容器外各具标签一张，标签上注明编号、采样地点、土壤名称、土壤深度、筛孔、采样日期和采样者等信息。所有样品处理完毕之后，登记注册。一般土壤样品可保存半年到一年，待全部分析工作结束之后，分析数据核对无误，才能弃。此外，还需注意样品存放应避免阳光直射，防高温，防潮湿，且无酸碱和不洁气体等对土壤样品造成影响。

4.2.5 实验步骤（含标准曲线的制作）

（1）采样

确定采样点后，使用土壤采样器采集表层土，采样深度 0～20 cm，迅速装入采样袋，做好采样记录，及时带回实验室预处理。

（2）预处理

按照进一步检测指标的要求，对土壤样品进行风干、烘干等预处理。

（3）保存

按照表 4-2 的保存条件，对土壤样品进行保存。

4.2.6 实验数据（含实验原始数据记录表）

剖面每层样品采集 1 kg 左右，装入样品袋，样品袋一般由棉布缝制而成，如潮湿样品可内衬塑料袋（供无机化合物测定）或将样品置于玻璃瓶内（供有机化合物测定）。采样的同时，由专人填写样品标签、采样记录；标签一式两份，一份放入袋中，一份系在袋口，标签上标注采样时间、地点、样品编号、监测项目、采样深度和经纬度。采样结束，需逐项检查采样记录、样袋标签和土壤样品，如有缺项和错误，及时补齐更正。将底土和表土按原层回填到采样坑中，方可离开现场，并在采样示意图上标出采样地点，避免下次在相同处采集剖面样（表 4-3、表 4-4）。

表 4-3　土壤样品标签样式

土壤样品标签
样品编号：
采用地点：
东经　　　　北纬
采样层次：
特征描述：
采样深度：
监测项目：
采样日期：
采样人员：

表 4-4　土壤现场记录

采用地点		东经		北纬	
样品编号		采样日期			
样品类别		采样人员			
采样层次		采样深度/cm			
样品描述	土壤颜色		植物根系		
	土壤质地		沙砾含量		
	土壤湿度		其他异物		
采样点示意图			自下而上植被描述		

4.2.7　注意事项

1）土壤颜色可采用门塞尔比色卡比色，也可按土壤颜色三角表进行描述。颜色描述可采用双名法，主色在后，副色在前，如黄棕、灰棕等。颜色深浅还可以冠以暗、淡等形容词，如浅棕、暗灰等（图 4-2）。

图 4-2 土壤颜色三角表

2）土壤质地分为砂土、壤土（砂壤土、轻壤土、中壤土、重壤土）和黏土，野外估测方法为取小块土壤，加水潮润，然后揉搓，搓成细条并弯成直径为 2.5～3 cm 的土环，根据土环表现的性状确定质地。

砂土：不能搓成条。

砂壤土：只能搓成短条。

轻壤土：能搓直径为 3 mm 直径的条，但易断裂。

中壤土：能搓成完整的细条，弯曲时容易断裂。

重壤土：能搓成完整的细条，弯曲成圆圈时容易断裂。

黏土：能搓成完整的细条，能弯曲成圆圈。

3）土壤湿度的野外估测，一般可分为 5 级：

干：土块放在手中，无潮润感觉。

潮：土块放在手中，有潮润感觉。

湿：手捏土块，在土团上塑有手印。

重潮：手捏土块时，在手指上留有湿印。

极潮：手捏土块时，有水流出。

4）植物根系含量的估计可分为 5 级：

无根系：在该土层中无任何根系。

少量：在该土层每 50 cm^2 内少于 5 根。

中量：在该土层每 50 cm^2 内有 5～15 根。

多量：该土层每 50 cm^2 内多于 15 根。

根密集：在该土层中根系密集交织。

5）石砾含量以石砾量占该土层的体积百分数估计。

4.3　土壤干物质和水分的测定

4.3.1　实验目的

1）了解土壤干物质和水分的定义。

2）掌握土壤干物质和水分测定的原理和方法。

4.3.2　实验原理

（1）基本概念

1）干物质含量：指在土壤中干残留物的质量分数。

2）水分含量：指在 105℃下从土壤中蒸发的水的质量占干物质量的质量分数。

3）恒重：指样品烘干后，再以 4 h 烘干时间间隔对冷却后的样品进行两次连续称重，前后差值不超过最终测定质量的 0.1%，此时的重量即为恒重。

（2）方法原理

土壤样品在（105±5）℃烘至恒重，以烘干前后的土样质量差值计算干物质和水分的含量，用质量分数表示。

4.3.3　实验试剂及仪器

（1）试剂

1）去除 CO_2 和水。

2）变色硅胶。

（2）仪器

1）鼓风干燥箱：105±5℃。

2）分析天平：精度 0.1 mg。

4.3.4　实验样品预处理

（1）新鲜土壤试样的制备

取适量新鲜土壤样品撒在干净、不吸收水分的玻璃板上，充分混匀，去除直径大于 2 mm 的石块、树枝等杂质，待测。

（2）风干土壤试样的制备

取适量新鲜土壤样品平铺在干净的搪瓷盘或玻璃板上，避免阳光直射，且环境温度不超过 40℃，自然风干，去除石块、树枝等杂质，过 2 mm 样品筛。将＞2 mm 的土块粉碎后过 2 mm 样品筛，混匀，待测。

4.3.5　实验步骤（含标准曲线的制作）

（1）新鲜土壤样品的测定

具盖容器和盖子于（105±5）℃下烘干 1 h，稍冷，盖好盖子，然后置于干燥器中至少冷却 45 min，测定带盖容器的质量 m_0，精确至 0.1 mg。用样品勺将 30～40 g 新鲜土壤试样转移至已称重的具盖容器中，盖上容器盖，测定总质量 m_1，精确至 0.1 mg。取下容器盖，将容器和新鲜土壤试样一并放入烘箱中，在（105±5）℃下烘干至恒重，同时烘干容器盖。盖上容器盖，置于干燥器中至少冷却 45 min，取出后立即测定带盖容器和烘干土壤的总质量 m_2，精确至 0.1 mg。

（2）风干土壤样品的测定

具盖容器和盖子于（105±5）℃下烘干 1 h，稍冷，盖好盖子，然后置于干燥器中至少冷却 45 min，测定带盖容器的质量 m_0，精确至 0.1 mg。用样品勺将 10～15 g 风干土壤试样转移至已称重的具盖容器中，盖上容器盖，测定总质量 m_1，精确至 0.1 mg。取下容器盖，将容器和风干土壤试样一并放入烘箱中，在（105±5）℃下烘干至恒重，同时烘干容器盖。盖上容器盖，置于干燥器中至少冷却 45 min，取出后立即测定带盖容器和烘干土壤的总质量 m_2，精确至 0.1 mg。

4.3.6　实验数据

实验原始数据记录见表 4-5。

表 4-5　实验原始数据记录

样品编号	m_0	m_1	m_2	干物质	含水量

4.3.7　实验结果

（1）计算公式

土壤样品中的干物质含量 W_{dm} 和水分含量 W_{H_2O} 分别按照如下公式进行计算。

$$W_{dm} = \frac{m_2 - m_1}{m_1 - m_0} \times 100$$

$$W_{H_2O} = \frac{m_1 - m_2}{m_2 - m_0} \times 100$$

式中：W_{dm}——土壤样品中的干物质含量，%；

$\quad\quad W_{H_2O}$——土壤样品中的水分含量，%；

$\quad\quad m_0$——带盖容器的质量，g；

$\quad\quad m_1$——带盖容器及风干土壤试样或带盖容器及新鲜土壤试样的总质量，g；

$\quad\quad m_2$——带盖容器及烘干土壤的总质量，g。

测定结果精确至 0.1%。

（2）数据要求

测定风干土壤样品，当干物质含量＞96%，水分含量≤4%时，两次测定结果之差的绝对值应≤0.2%（质量分数）；当干物质含量≤96%，水分含量＞4%时，两次测定结果的相对偏差应≤0.5%。

测定新鲜土壤样品，水分含量≤30%时，两次测定结果之差的绝对值应≤1.5%（质量分数）；水分含量＞30%时，两次测定结果的相对偏差应≤5%。

4.3.8　思考题

1）土壤水分含量是基于什么物质质量计算的？计算值可能出现什么情况？

2）简单分析误差产生的原因。

4.3.9　注意事项

1）一般情况下，大部分土壤的干燥时间为 16～24 h，少数特殊土壤样品和大颗粒土壤样品需要更长时间。

2）测定样品中的微量有机污染物不能去除石块、树枝等杂质。因此，测定其干物质含量时不应剔除石块、树枝等杂质。

3）应尽快分析待测试样，以减少其水分的蒸发。

4）实验过程中尽量避免具盖容器内的土壤颗粒被风吹出。

5）一些矿物质（如石膏）在105℃干燥时会损失结晶水。

6）如果样品中含有挥发性物质，不能用本方法测定其水分含量。

4.4 土壤溶解性矿物盐的测定——浸提液 pH 值、电导率

4.4.1 实验目的

1）了解土壤浸提液 pH 值、电导率测定的意义。

2）掌握土壤浸提液的提取方法。

3）复习酸度计、电导率仪的使用。

4.4.2 实验原理

土壤盐分状况的定量表述是确定土壤盐渍化程度以及进行盐渍土改良应用的基础。中国习惯上常用土壤含盐百分数表示盐渍度，国外一般直接用电导率表示土壤的盐渍程度。目前，国内外在测定土壤电导率时，普遍采用的是浸提法。土壤浸提液中各种盐分的绝对含量和相对含量受土水比的影响较大，在分析测定中以饱和土浆和土水比 1∶5 浸提液使用较多。

土壤 pH 值是反映土壤质量的重要理化性质，对土壤的一系列其他性质有着深刻的影响。土壤酸碱性受到气候、土壤母质、植被以及人为因素等影响，通过土壤风化淋溶、水盐运动，酸性、碱性肥料的施用等作用最终形成不同的土壤 pH 值。土壤 pH 值测定受水土比例影响较大，尤其对于石灰性土壤稀释效应的影响更为显著，以采取小土液比为宜，本实验规定土壤 pH 值为 1∶1 的土液比例。同时，酸性土壤除测定水浸土壤 pH 值外，还应测定盐浸 pH 值，即以 1 mol/L 氯化钾溶液浸取土壤后测定。在农业标准土壤检测部分中规定以土液比 1∶2.5 浸提液测定。

4.4.3 实验试剂及仪器

（1）试剂

1）无 CO_2 水，在 25℃时电导率不大于 0.2 mS/m，pH 值大于 5.6。

2）氯化钾溶液，1 mol/L。

3）氯化钙溶液，0.01 mol/L。

4）缓冲溶液，至少两种以上缓冲溶液较重 pH 计。

（2）仪器

1）摇床。

2）精密 pH 计。

3）电导率仪。

4.4.4 实验步骤（含标准曲线的制作）

4.4.4.1 土壤矿物盐的测定

称取通过 2 mm 筛的风干土样 30 g（精确至 0.1 mg），置于干燥的锥形瓶中，加入 150.00 mL 无二氧化碳水（土水比 1∶5），加塞，在摇床上振荡 3 min，然后抽气过滤或离心分离，取得清亮的待测浸出溶液，用电导率仪测定土壤浸提液电导值。

4.4.4.2 土壤 pH 值的测定

（1）土壤水浸液 pH 值的测定

称取通过 2 mm 筛的风干土样 20 g（精确至 0.1 mg），置于干燥的高型烧杯中，加入去除 CO_2 的蒸馏水 20.00 mL（土液比为 1∶1），将容器密封后，用磁力搅拌器搅拌 1 min，使土粒充分分散，静置 30 min 后进行 pH 测定。

（2）土壤的氯化钾盐浸提液 pH 值的测定

当土壤水浸 pH<7 时，应测定土壤盐浸提液 pH 值。测定方法除将 1 mol/L 氯化钾溶液代替无 CO_2 水以外，水土比为 1∶1，其他测定步骤与水浸 pH 值测定相同。

4.4.5 实验记录

实验原始数据见表 4-6。

表 4-6 实验原始数据

样品编号	电导率	水浸 pH 值	盐浸 pH 值

4.4.6 实验结果及分析

将实验测试结果进行归类分析，并与相应标准对比得出土壤类型等结论。

4.4.7 思考题

1）土壤矿物盐的测定时土水比为 1∶5，除此之外还有没有其他比例？

2）土壤酸化对土壤有何具体影响？

3）土壤盐度测定方法还有哪些？

4.4.8 注意事项

电导法测定土壤水溶性盐含量简便快速，测定结果直接以电导率表示，不必换算成全盐含量。用 1∶5 土液比的浸提液，其电导率与土壤全盐量和作物生长关系的指标正在拟定，一般认为电导率（mS/cm）小于 1.8 为非盐渍土，1.8～2.0 为可疑盐渍土，大于 2.0 为盐渍化土。

4.5 土壤有机碳的测定

4.5.1 实验目的

1）掌握土壤有机碳的含义及测定原理。

2）掌握土壤有机碳的测定方法。

4.5.2 实验原理

在加热条件下，土壤样品中的有机碳被过量重铬酸钾-硫酸溶液氧化，重铬酸钾中的六价铬（Cr^{6+}）被还原为三价铬（Cr^{3+}），其含量与样品中有机碳含量成正比，于 585 nm 波长处测定吸光度，根据三价铬的含量计算土壤有机碳含量。

土壤中的亚铁离子（Fe^{2+}）会导致有机碳的测定结果偏高。可在试样制备过程中将土壤样品摊成 2～3 cm 的薄层，在空气中暴露使得亚铁离子（Fe^{2+}）氧化成三价铁离子（Fe^{3+}）以消除干扰。土壤中的氯离子（Cl^-）会使土壤有机碳的测定结果偏高，通过加入适量硫酸汞消除干扰。

本方法不适用于氯离子（Cl^-）含量大于 $2.0×10^{-4}$ mg/kg 的盐渍土或盐碱化土壤的测定。当样品量为 0.5 g 时，本方法检出限为 0.06%（以干重计），测定下限为 0.24%（以干重计）。

4.5.3 实验仪器及试剂

（1）仪器

1）分光光度计：具 585 nm 波长，并配有 10 mm 比色皿。

2）天平：精度 0.1 mg。

3）恒温加热器：温控精度为（135±2）℃。恒温加热器带有加热孔，其孔深应高出具塞消解玻璃管内液面约 10 mm，且具塞消解玻璃管露出加热孔部分约 150 mm。

4）具塞消解玻璃管：具有 100 mL 刻度线，管径为 35～45 mm。

5）离心机：0～3 000 r/min，配有 100 mL 离心管。

6）土壤筛：2 mm（10 目）、0.25 mm（60 目），不锈钢材质。

7）一般实验室常用仪器和设备。

（2）试剂

分析时均采用符合国家标准的分析纯化学试剂，实验用水为在 25℃下电导率=0.2 mS/m 的去离子水或蒸馏水。

1）硫酸：ρ（H_2SO_4）=1.84 g/mL。

2）硫酸汞。

3）重铬酸钾溶液：c（$K_2Cr_2O_7$）=0.27 mol/L。

称取 80.00 g 重铬酸钾溶于适量水中，溶解后移至 1 000 mL 容量瓶，加水定容，摇匀。该溶液贮存于试剂瓶中，4℃下保存。

4）葡萄糖标准使用液：ρ（$C_6H_{12}O_6$）=10.00 g/L。

称取 10.00 g 葡萄糖溶于适量水中，溶解后转移至 1 000 mL 容量瓶，加水定容，摇匀。该溶液贮存于试剂瓶中，有效期为 1 个月。

4.5.4　实验样品预处理

将土壤样品置于洁净的白色托盘中，平摊成 2～3 cm 薄层。先剔除植物、昆虫、石块等残体，用木槌压碎土块，自然风干，风干时每天翻动几次。充分混匀风干土样，采用四分法，取其两份，一份留存，一份通过 2 mm 土壤筛用于测定土壤干物质。过 2 mm 筛的土壤样品取出 10～20 g 进一步细磨，过 60 目（0.25 mm）筛，装入棕色具塞玻璃瓶中，待测。

土壤干物质含量的测定：准确称取适量风干土壤，参照 HJ 613 测定干物质的含量。

4.5.5　实验步骤

（1）标准曲线的绘制

1）分别量取 0.00 mL、0.50 mL、1.00 mL、2.00 mL 和 4.00 mL 葡萄糖标准使用液于 50 mL 具塞消解玻璃管中，其对应有机碳质量分别为 0.00 mg、1.00 mg、8.00 mg、16.0 mg 和 32.0 mg。

2）分别加入 0.05 g 硫酸汞和 2.50 mL 重铬酸钾溶液，摇匀，再缓慢加入 4.0 mL 硫酸，轻轻摇匀。

3）开启恒温加热器，设置温度 135℃。当温度升至接近 100℃时，将上述具塞消解玻璃管开塞放入恒温加热器的加热孔中，温度到达 135℃时开始计时，加热 30 min。然后关闭恒温加热器，取出具塞消解玻璃管水浴冷却至室温。向每个具塞消解玻璃管中缓缓加入约 25 mL 水，继续冷却至室温。再用水定容至 50 mL 刻线，加塞摇匀。

4）于波长 585 nm 处，用 10 mm 比色皿，以水为参比，分别测量吸光度。

5）以零浓度校正吸光度为纵坐标，以对应的有机碳含量（mg）为横坐标，绘制校准曲线。

（2）样品的测定

准确称取适量试样，小心加入至 50 mL 具塞消解玻璃管中，避免黏壁。按绘制标准曲线的步骤加入试剂，进行消解、冷却、定容。定容后静置 1 h，取约 40 mL 上清液至离心管中以 2 000 r/min 离心 10 min，再静置澄清；或在具塞消解玻璃管内直接静置澄清。最后取上清液在 585 nm 波长处，以 10 mm 比色皿测量吸光度。

由于土壤样品的复杂性，为免测得吸光度过大，样品测试时应分三组进行。

土壤有机碳含量与试样取样量关系见表 4-7。

表 4-7　土壤有机碳含量与试样取样量的对应关系

土壤有机碳含量/%	0.00～4.00	4.00～8.00	8.00～16.00
试样取样量/g	0.200 0～0.250 0	0.100 0～0.125 0	0.050 0～0.062 5

（3）空白实验

在具塞消解玻璃管中不加入试样，按上述步骤进行测定。

4.5.6　实验数据

实验数据记于表 4-8。

表 4-8　实验数据记录

采样位置：				土样编号		
取样量/g	吸光度	定容体积/mL	土壤有机碳浓度/（mg/L）	土壤有机碳/g	质量分数含量/%

结果计算：

土壤中的有机碳含量（以干重计，质量分数，%），按公式（4-1）、式（4-2）进行计算：

$$m_1 = \frac{W_{dm}}{100} \tag{4-1}$$

$$\omega_{oc} = \frac{A - A_0 - a}{b \times m_1 \times 1\,000} \times 100 \tag{4-2}$$

式中：m_1——试样中干物质的质量，g；

m_2——试样取样量，g；

W_{dm}——土壤干物质含量（质量分数），%；

ω_{oc}——土壤样品中有机碳的含量（以干重计，质量分数），%；

A——试样消解液的吸光度；

A_0——空白试验的吸光度；

a——校准曲线的截距；

b——校准曲线的斜率。

结果表示需注意：当测定结果＜1.00%时，保留小数点后两位；当测定结果=1.00%时，保留 3 位有效数字。

4.5.7 思考题

1）土壤有机碳的含义，代表的是土壤的什么特性？

2）土壤有机碳还有哪些测定方法？

4.5.8 注意事项

硫酸具有较强的化学腐蚀性，操作时应按规定要求佩戴防护器具，避免与皮肤、衣物接触。样品消解及打开应在通风橱内操作。废液集中处理。

4.6 土壤中 Cu、Zn、Pb 的测定

4.6.1 实验目的

1）了解土壤重金属污染对土壤、生物的危害。

2）掌握土壤消解及其前处理技术和原子吸收光谱仪分析土壤重金属元素的方法。

3）掌握土壤重金属污染的评价方法。

4.6.2 实验原理

一个原子可具有多种能级状态，在正常状态下，原子处于最低能态，即基态。原子在两个能级之间的跃迁伴随着能量的发射和吸收，当原子受外界能量激发时，

其最外层电子可能跃迁到不同能级，因此可能具有不同的激发态。电子从基态跃迁到能量最低的激发态（称为第一激发态）时要吸收一定频率的光，由于激发态不稳定，电子会在很短的时间内跃迁返回基态，并发射出同样频率的光（谱线），这种谱线称为共振发射线（简称共振线）。使电子从基态跃迁至第一激发态所产生的吸收谱线称为共振吸收线（也简称为共振线）。其过程示意见图 4-3。

$$\text{试液}\ \underset{\text{雾化成气溶胶}}{\overset{\text{负压吸入后}}{\xrightarrow{\hspace{2cm}}}}\ \text{M（基态原子，气态）}+\text{X（气态）}\ \overset{\text{吸收一定光辐射}}{\xrightarrow{\hspace{2cm}}}\ \text{跃迁到较高能级}$$
$$\text{MX}$$

图 4-3　原子吸收光谱过程示意

　　根据 $\Delta E = h\nu = hc/\lambda$ 可知，由于各种元素的原子结构及其外层电子排布不同，核外电子从基态受激发而跃迁到第一激发态所需要的能量不同，同样，由第一激发态跃迁回基态时所发射的能量也不同，因而各种元素的共振线不同而各有其特征性，所以这种共振线是元素的特征谱线。一般情况下，原子外层电子由基态跃迁至第一激发所需能量最低，最容易发生，其所对应的吸收谱线称为第一共振吸收谱线（主共振线），见图 4-4。因此，对大多数元素来说，共振线就是元素的灵敏线。原子吸收分析就是利用处于基态的待测元素原子蒸气对从光源辐射的共振线的吸收来进行分析的。

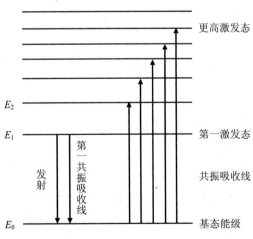

图 4-4　共振吸收谱线

4.6.3　实验试剂及仪器

（1）试剂

1）浓硝酸（16 mol/L）。

2）浓盐酸（12 mol/L）。

3）氢氟酸（40%）。

4）高氯酸（70%～72%）。

5）Cu、Zn、Pb 标准溶液（1 000 mg/L）。

（2）仪器

1）原子吸收分光光度计。

2）微波消解仪或电热板。

3）分析天平。

4）聚四氟乙烯坩埚。

4.6.4　**实验样品预处理**

（1）采样

土壤样品取样深度为 0～20 cm，先将所取土样自然风干，去除土样中的石子和动植物残体等异物，土壤粉碎机将大颗粒土块粉碎，过 200 目标准筛后备用。

（2）样品前处理

土壤样品中重金属总量提取采用 GB/T 17141—1997 规定的 $HCl\text{-}HNO_3\text{-}HF\text{-}HClO_4$ 方法消解。

4.6.5　**实验步骤（含标准曲线的制作）**

4.6.5.1　土样消解

1）准确称取 0.1 g（精确至 0.1 mg）制备好的土壤样品于聚四氟乙烯坩埚中，用超纯水润湿后，加入 10 mL HCl，于电热板上 210℃加热，蒸发至约剩 5 mL，溶液呈黄褐色。

2）加入 10 mL HNO_3，加入 HNO_3 时会产生黄褐色烟气，继续加热蒸至近黏稠状。

3）加入 5～10 mL HF（30%），继续加热。为了达到良好的除硅效果应经常摇动坩埚，此步骤时液体颜色会由深黄色变至浅黄色，坩埚底部沉淀物逐渐消失。

4）继续加入 5 mL HClO$_4$。此时溶液会呈无色或非常浅的黄色，并冒白烟，加热至白烟冒尽。

5）用稀酸溶液冲洗内壁及坩埚盖，温热溶解残渣，冷却后，将消解好的溶液用超纯水洗出至容量瓶，定容至 50 mL。

4.6.5.2　重金属测定

消解完成的土壤样品，通过原子吸收分光光度法测定 Pb、Cu 及 Zn 含量，其中 Pb 的测定采用石墨炉原子吸收分光光度法；Cu、Zn 的测定采用火焰原子吸收分光光度法，测定条件见表4-9。

表4-9　原子吸收分光光度法测定条件

石墨炉原子吸收分光光度法测定条件		火焰法原子吸收分光光度法测定条件		
参数及升温程序	铅	参数	铜	锌
波长/nm	283.3	灯电流/mA	12	12
狭缝/nm	0.7 L	波长/nm	324.8	213.9
干燥温度/℃，时间/s	90～120，30	狭缝/nm	0.7	0.7
灰化温度/℃，时间/s	800，25	乙炔/空气流量/（L/min）	1.8/17.0	1.6/17.0
原子化温度/℃，时间/s	1 500，0			
清除温度/℃，时间/s	2 200，3			

（1）标准曲线的绘制

配制一系列 Pb 标准溶液，浓度分别为 0 μg/mL、0.5 μg/mL、1.0 μg/mL、1.5 μg/mL 和 2.0 μg/mL，测定相应吸光度值，以吸光度 A 为纵坐标，Pb 浓度为横坐标，绘制标准曲线，计算曲线方程。

（2）样品测定

测定样品吸光度值，计算样品重金属浓度。

4.6.6　**实验数据**

实验数据记录见表 4-10。

表 4-10　实验数据记录

样品编号	标样 1	标样 2	标样 3	标样 4	标样 5	未知样 1	未知样 2	未知样 3
标样浓度/（μg/mL）	0	0.5	1.0	1.5	2.0			
吸光度								
标准曲线								
未知样浓度								

4.6.7　**实验结果**

1）土壤中 Pb、Cu、Zn 含量。

2）根据《土壤环境质量标准》（GB 15618—1995）对土壤重金属 Pb、Cu、Zn 进行等级评价。

4.6.8　**思考题**

1）土壤重金属污染评价方法有哪些？

2）叙述原子吸收光谱仪的构造及原理。

4.6.9　**注意事项**

1）控制原子吸收分光光度计升温程序，升温过快反应物易溢出或炭化。

2）土壤消解物消化不足时呈灰白色，应补加少量 $HClO_4$，继续消解。$HClO_4$ 对空白影响较大，要控制用量。

3）$HClO_4$ 具有氧化性，应待土壤里大部分有机质消解完全冷却后加入，否则会使样品溅出或爆炸，使用时务必小心。

4）对于含有机质较多的土样应在加入 $HClO_4$ 之后加盖消解，土壤分解物应呈白色或淡黄色（含铁较高的土壤），倾斜坩埚时呈不流动的黏稠状。

4.7　垃圾热值的测定

4.7.1　实验目的

1）了解并掌握固废热值的测定原理与方法。

2）熟悉相关仪器设备的使用方法。

4.7.2　实验原理

根据热化学定义，1 mol 物质完全氧化时的反应热称为该物质的燃烧热。对生活垃圾和无法确定相对分子质量的混合物，其单位质量完全氧化时的反应热称为热值。

测量热效应的仪器称为量热计或卡计，量热计的种类很多，本实验采用氧弹量热计。测量基本原理是：根据能量守恒定律，样品完全燃烧时放出的能量将促使氧弹量热计本身及周围的介质温度升高，通过测量介质燃烧前后温度的变化，就可以求出该样品的热值。计算公式如下：

$$mQ_V = (3\,000\rho\,C + C_卡)\Delta T - 2.9\,L$$

式中：m——样品质量，kg；

　　　Q_V——热值，J/g；

　　　ρ——水的密度，g/cm^3；

　　　C——水的比热容，J/（℃·g）（查表数值为 4.2）；

　　　$C_卡$——量热计的水当量，J/℃（用苯甲酸标定，数值为 1 774.3）；

　　　ΔT——温度差值；

　　　L——用去的铁丝长度，cm（其燃烧值为 2.9 J/cm）；

　　　3 000——实验用水量，mL。

氧弹量热计的水当量 $C_卡$ 一般用纯净苯甲酸的燃烧热来进行标定，苯甲酸的恒容燃烧热 $Q_V = 26\,460$ J/g。

为了实验的准确性，要求完全燃烧是实验的第一步，要保证样品完全燃烧，氧弹中必须有充足的高压氧气，因此，要求氧弹密封、耐高压、耐腐蚀，同时粉末样品必须压成片状，以免充气时冲散样品，导致燃烧不完全而引起实验产生大的误差；第二步还必须使燃烧后放出的热量不散失，不与周围环境发生热交换而全部传递给量热计本身和放在其中的水，使量热计和水的温度升高。为了减少量热计与环境的热交换，量热计放在一个恒温的筒内，故氧弹量热计也称为环境恒温或外壳恒温量热计。

4.7.3 实验仪器和试剂

（1）实验仪器

氧弹量热计、氧气钢瓶、温度计、压片机、天平等。

（2）实验试剂

苯甲酸、铁丝、煤粉。

4.7.4 实验步骤

（1）测定量热计的水当量 $C_卡$

1）用天平称取 1 g 左右的苯甲酸。

2）压成片状，称重并记录。

3）旋松氧弹计，把上顶盖放在支架上，并把压片放入坩埚。

4）绕铁丝并把其穿到固定坩埚的两极上，铁丝底部与压片充分接触，但不与坩埚接触。

5）在氧弹内注入 10 mL 蒸馏水，并把上顶盖整体放入氧弹内，旋紧。拿去充氧气，氧气充至约 2 000 kPa，即 20 kg/cm^2 左右。

6）外壳注满去离子水。

7）把固定不锈钢内桶的支架放入氧弹量热计的大槽内。

8）在不锈钢桶内放入氧弹量热计的底座。

9）在不锈钢桶内，注入 3 000 mL 自来水，并放在大槽内的支架位置上。

10）把氧弹放入不锈钢桶内，这时水差不多漫过氧弹。

11）把两电极固定在氧弹上。

12）盖上盖子，把电极电线放在卡槽内，并把测温管插入孔位上。

13）合上电源，表头各指示灯亮。

14）开搅拌，按温度显示按钮，并读取和记录数据。这时每分钟有一个数据，至温度不再升高时，结束（一般不小于 5 个数据）。

15）点火，指示灯亮后熄灭，温度快速上升。按下数据按钮，这时开始读数据并记录，记录至最高温度并下降时为止，至少 20 个数据。如果点火后，指示灯亮但不熄灭或指示灯不亮，或温度不上升，表示样品没有燃烧，可能里面铁丝的接触不好，这时要重做实验。

16）测量数据后，停机。把测温管拿开，放回原来位置并打开盖子。

17）把氧弹拿出来，放气，检查燃烧结果，若氧弹中没什么残渣，说明燃烧完全。若有很多残渣，说明燃烧不完全，实验失败，要重做。燃烧后余下的铁丝用尺子测量并记录，在计算中减去长度。

18）倒去氧弹中的水，用布把表面擦干净。倒去不锈钢桶内的水，盖上盖子，为下一次实验做好准备。

（2）样品热值的测定

1）用天平称取 1 g 左右的煤样品。

2）所有步骤与上述一样。

3）燃烧和测量温度。

4.7.5　实验数据及结果

根据数据作图并按实验原理公式计算 ΔT，求出 Q_V。

4.7.6　思考题

1）为何氧弹每次工作之前加入 10 mL 蒸馏水？

2）影响热值测定的因素有哪些？

3）热值达到多少固体废物才用焚烧法处理？

4.7.7　注意事项

1）点火丝不能碰到坩埚。

2）氧弹每次工作前加入 10 mL 蒸馏水，充氧需 30～40 s。

第5章　环境空气质量监测

5.1　校园空气质量监测方案的制订

制订空气污染监测方案的程序首先要根据监测目的进行调查研究，收集相关的资料，然后经过综合分析，确定监测项目，设计监测布点网络，选定采样频率、采样方法和监测技术，建立质量保证程序和措施，提出进度安排计划和对监测结果报告的要求等。下面结合我国现行技术规范，对监测方案的基本内容加以介绍。

5.1.1　实验目的

1) 通过对校园空气中主要污染物质进行定期或连续的监测，判断校园空气质量是否符合《环境空气质量标准》，为校园空气质量状况评价提供依据。

2) 为研究校园空气质量的变化规律和发展趋势，开展校园空气污染的预测预报，以及研究校园空气污染物迁移、转化规律提供数据支持。

3) 通过实验进一步巩固理论知识，深入了解校园空气各种污染物的具体采样方法、分析方法、误差分析及数据处理等方法。

5.1.2　现场调查和资料收集

（1）污染源分布及排放情况

通过调查，将监测区域内的污染源类型、数量、位置、排放的主要污染物及排放量调查清楚，同时还应了解所用原料、燃料及消耗量。注意将由高烟囱排放的较大污染源与由低烟囱排放的小污染源区别开来。因为小污染源的排放高度低，对周围地区地面空气中污染物浓度影响比高烟囱排放源大。另外，对于交通运输污染较重和有石油化工企业的地区，应区别一次污染物和由于光化学反应产生的二次污染物。因为二次污染物是在大气中形成的，其高浓度可能在远离污染源的地方，在布设监测点时应加以考虑。

（2）气象资料

污染物在空气中的扩散、迁移和一系列的物理、化学变化在很大程度上取决于当时当地的气象条件。因此，要收集监测区域的风向、风速、气温、气压、降水量、日照时间、相对湿度、温度垂直梯度和逆温层底部高度等资料。

（3）地形资料

地形对当地的风向、风速和大气稳定情况等有影响，是设置监测网点应当考虑的重要因素。为掌握污染物的实际分布状况，监测区域的地形越复杂，要求布设监测点越多。

（4）土地利用和功能分区情况

监测区域内土地利用情况及功能区划分也是设置监测网点应考虑的重要因素之一。不同功能区的污染状况是不同的，如工业区、商业区、混合区、居民区等。还可以按照建筑物的密度、有无绿化地带等作进一步分类。

（5）人口分布及人群健康情况

环境保护的目的是维护自然环境的生态平衡，保护人群的健康。因此，掌握监测区域的人口分布、居民和动植物受空气污染危害情况及流行性疾病等资料，有利于制订监测方案、分析和判断监测结果。此外，对于监测区域以往的空气监测资料也应尽量收集，为制订监测方案提供参考。

5.1.3 采样点的设置

（1）采样点的布设原则和要求

1）监测点周围 50 m 范围内不应有污染源。

2）监测点周围环境状况相对稳定，安全和防火措施有保障。

3）采样口周围水平面应保证 270° 以上的捕集空间，如果采样口一边靠近建筑物，采样口周围水平面应有 180° 以上的自由空间。

4）采样点的周围应开阔，采样口水平线与周围建筑物高度的夹角应不大于30°。测点周围无局地污染源，并应避开树木及吸附能力较强的建筑物。交通密集区的采样点应设在距人行道边缘至少 1.5 m 远处。

5）各采样点的设置条件要尽可能一致或标准化，使获得的监测数据具有可比性。

6）采样高度根据监测目的而定。研究大气污染对人体的危害，采样口应在离地面 1.5～2 m 处；研究大气污染对植物或器物的影响，采样口高度应与植物或器物高度相近。连续采样例行监测采样口高度应距地面 3～15 m；若置于屋顶采样，采样口应与基础面有 1.5 m 以上的相对高度，以减小扬尘的影响。特殊地形地区可视实际情况选择采样高度。

7）针对交通道路的污染监测点，采样口距道路边缘的距离不得超过 20 m。

（2）采样点的布设方法

监测区域内的采样点总数确定后，可采用经验法、统计法、模拟法等进行采样点布设。经验法是常采用的方法，特别是对尚未建立监测网或监测数据积累少的地区，需要凭借经验确定采样点的位置。其具体方法有：

1）功能区布点法。按功能区划分布点法多用于区域性常规监测。先将监测区域划分为工业区、商业区、居住区、工业和居住混合区、交通稠密区、清洁区等，再根据具体污染情况和人力、物力条件，在各功能区设置一定数量的采样点。各功能区的采样点数不要求平均，在污染源集中的工业区和人口较密集的居住区多设采样点。

2）网格布点法。这种布点法是将监测区域地面划分成若干均匀网状方格，采样点设在两直线的交点处或方格中心（图 5-1）。网格大小视污染源强度、人口分布及人力、物力条件等确定。若主导风向明显，下风向设点应多一些，一般约占采样点总数的 60%。对于有多个污染源，且污染源分布较均匀的地区，常采用这种布点方法。它能较好地反映污染物的空间分布；如将网格划分的足够小，则将监测结果绘制成污染物浓度空间分布图，对指导城市环境规划和管理具有重要意义。

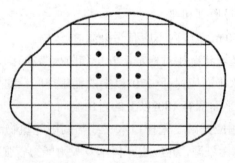

图 5-1 网格布点法

在实际工作中，为做到因地制宜，使采样网点布设完善合理，往往采用以一种布点方法为主，兼用其他方法的综合布点法。

5.1.4 监测内容确定

经过对以上的调查研究和相关资料的讨论及综合分析，可知校园的主要污染物有 TSP、PM_{10}、$PM_{2.5}$、SO_2 和 NO_x，所以我们对校园监测项目有 TSP、PM_{10}、$PM_{2.5}$、SO_2 和 NO_x。

5.1.5 分析方法

按照《环境空气质量标准》（GB 3095—2012）所规定的采样方法和分析方法执行，具体方法见表 5-1。

表 5-1 空气环境监测项目的采样方法及分析方法

监测项目	采样方法	分析方法	方法来源
TSP	滤膜阻留法	重量法	GB/T 15432—1995
PM_{10}	中流量采样	重量法	HJ 618—2011
$PM_{2.5}$	中流量采样	重量法	HJ 618—2011
SO_2	溶液吸收法	甲醛吸收-副玫瑰苯胺分光光度法	HJ 482—2009
NO_x	溶液吸收法	盐酸萘乙二胺分光光度法	HJ 479—2009

5.1.6 采样时间和频次

对环境空气中的 TSP、PM_{10}、$PM_{2.5}$ 其采样时间及采样频次应根据《环境空气质量标准》（GB 3095—2012）中各污染物监测数据统计的有效性规定确定。要获得 1 h 平均浓度值，样品的采样时间应不少于 45 min；要获得日平均浓度值，气态污染物的累计采样时间应不少于 18 h，颗粒物的累计采样时间应不少于 12 h。

5.1.7 监测结果分析与评价

将全部监测数据进行算术平均运算，按照《环境空气质量标准》（GB 3095—2012），对监测区域的空气质量进行评价，同时计算标准偏差。

5.1.8 监测报告

对监测区域的监测数据整理、分析，给出监测报告。

5.2 总悬浮颗粒物（TSP）的测定

5.2.1 实验目的

1）掌握环境空气中悬浮颗粒物（TSP）的测定方法。

2）对学校休闲娱乐区、生活区、学习区等不同功能区空气进行监测，以掌握学校空气质量的基本状况。

5.2.2 实验原理

通过具有一定切割特性的采样器，以恒速抽取定量体积的空气，空气中粒径小于 100 μm 的悬浮颗粒物，被截留在已恒重的滤膜上。根据采样前、后滤膜重量之差及采样体积，计算总悬浮颗粒物的浓度。滤膜经处理后，可再进行组分分析。

本方法适合于大流量或中流量悬浮颗粒物的测定。方法的检测限为 0.001 mg/m³。悬浮颗粒物含量过高或雾天采样使滤膜阻力大于 10 kPa 时，本方法不适用。

5.2.3 实验试剂及仪器

1）大流量或中流量采样器：应按《总悬浮颗粒物采样技术要求（暂行）》（HYQ 1.1—89）的规定。

2）孔径流量计：

①大流量孔径流量计：量程 0.7～1.4 m³/min；流量分辨率 0.01 m³/min；精度优于 2%。

②中流量孔径流量计：量程 70～160 m³/min；流量分辨率 1 L/min；精度优于 2%。

3）U 形管压差计：最小刻度 0.1 kPa。

4）X 光看片机：用于检查滤膜有无缺损。

5）打号机：用于在滤膜及滤膜袋上打号。

6）镊子：用于夹取滤膜。

7）滤膜：超细玻璃纤维滤膜，对 0.3 μm 标准粒子的截留效率不低于 99%，在气流速度为 0.45 m/s 时，单张滤膜阻力不大于 3.5 kPa，在同样气流速度下，抽取经高效过滤器净化的空气 5 h，1 cm^2 滤膜失重不大于 0.012 mg。

8）滤膜袋：用于存放采样后对折的采尘滤膜。袋面印有编号、采样日期、采样地点、采样人等项目栏。

9）滤膜保存盒：用于保存、运送滤膜，保证滤膜在采样前处于平整不受折状态。

10）恒温恒湿箱：箱内空气温度要求在 15～30℃ 范围内连续可调，控温精度 ±1℃；箱内空气相对湿度控制在（50±5）%。恒温恒湿箱可连续工作。

11）天平：

①总悬浮颗粒物大盘天平：用于大流量采样滤膜称量。称量范围≥10 g；感量 1 mg；再现性（标准差）≤2 mg。

②分析天平：用于中流量采样滤膜称量。称量范围≥10 g；感量 0.1 mg；再现性（标准差）≤0.2 mg。

5.2.4　实验样品预处理

5.2.4.1　采样器的流量校准

新购置或维修后的采样器在启用前，需进行流量校正；正常使用的采样器每月需进行一次流量校准。流量校准步骤如下：

（1）计算采样器工作点的流量

采样器应工作在规定的采气流量下，该流量称为采样器的工作点。在正式采样前，需调整采样器，使其工作在正确的工作点上，按下述步骤进行：

采样器采样口的抽气速度 W 为 0.3 m/s。

大流量采样器的工作点流量 Q_H（m^3/min）为

$$Q_H = 1.05 \qquad\qquad (5\text{-}1)$$

中流量采样器的工作点流量 Q_M（L/min）为

$$Q_M = 60\,000W \times A \tag{5-2}$$

式中：A——采样器采样口的截面积，m^2。

将 Q_H 或 Q_M 计算值换算成标况下的流量 Q_{HN}（m^3/min）或 Q_{MN}（L/min）

$$Q_{HN} = (Q_H P T_N) / (T P_N) \tag{5-3}$$

$$Q_{MN} = (Q_M P T_N) / (T P_N) \tag{5-4}$$

$$\lg P = \lg 101.3 - h/18\,400 \tag{5-5}$$

式中：T——测试现场月平均温度，K；

P_N——标况压力，101.3 kPa；

T_N——标况温度，273 K；

P——测试现场平均大气压，kPa；

h——测试现场海拔高度，m。

将式（5-6）中 Q_N 用 Q_{HN} 或 Q_{MN} 代入，求出修正项 Y，再按式（5-7）计算 ΔH（Pa）

$$Y = BQ_N + A \tag{5-6}$$

式中斜率 B 和截距 A 由孔径流量计的标定部门给出。

$$\Delta H = (Y^2 P_N T) / (P T_N) \tag{5-7}$$

（2）采样器工作点流量的校准

打开采样头的采样盖，按正常采样位置，放一张干净的采样滤膜，将孔口流量计的接口与采样头密封连接。孔口流量计的取压口接好压差计。

接通电源，开启采样器，待工作正常后，调节采样器流量，使孔口流量计压差值达到式（5-7）计算的 ΔH 值（记录表格见附表1）。

校准流量时，要确保气路密封连接，流量校准后，如发现滤膜上尘的边缘轮廓不清晰或滤膜安装歪斜等情况，可能造成漏气，应重新进行校准。

校准合格的采样器，即可用于采样，不得再改动调节器状态。

5.2.4.2 滤膜的准备

1）每张滤膜均需用 X 光看片机进行检查，不得有针孔或任何缺陷。在选中的滤膜光滑表面的两个对角上打印编号。滤膜袋上打印同样编号备用。

2）将滤膜放在恒温恒湿箱中平衡 24 h，平衡温度取 15～30℃中任一点，记录下平衡温度与湿度。

3）在上述平衡条件下称量滤膜，大流量采样器滤膜称量精确到 1 mg，中流量采样器滤膜称量精确到 0.1 mg。记录下滤膜重量 W_0 g。

4）称量好的滤膜平整地放在滤膜保存盒中，采样前不得将滤膜弯曲或折叠。

5.2.5　实验步骤

5.2.5.1　滤膜的安放及采样

1）打开采用头顶盖，取出滤膜夹。用清洁干布擦去采样头内及滤膜夹的灰尘。

2）将已编号并称重过的滤膜绒面向上，放在滤膜支持网上，放上滤膜夹，对正，拧紧，使不漏气。安好采样头顶盖，按照采样器使用说明，设置采样时间，即可启动采样。

3）样品采完后，打开采样头，用镊子轻轻取下滤膜，采样面向里，将滤膜对折，放入号码相同的滤膜袋中。取滤膜时，如发现滤膜损坏，或滤膜上灰尘的边缘轮廓不清晰、滤膜安装歪斜（说明漏气），则本次采样作废，需重新采样。

5.2.5.2　尘膜的平衡及称量

1）尘膜在恒温恒湿箱中，在与干净滤膜平衡条件相同的温度、湿度中平衡 24 h。

2）在上述平衡条件下称量滤膜，大流量采样器滤膜称量精确到 1 mg，中流量采样器滤膜称量精确到 0.1 mg。记录下滤膜重量 W_1 g。滤膜增重，大流量滤膜不小于 100 mg，中流量滤膜不小于 10 mg。

5.2.6　实验数据

实验数据记录见表 5-2 至表 5-4。

表 5-2　用孔口流量计校准总悬浮颗粒物采样器记录

采样器编号	采样器工作点流量/（m³/min）	孔口流量计编号	月平均温度/K	平均大气压/Pa	孔口压差计算值/Pa	校准日期 月　日	校准人签字

表 5-3 悬浮颗粒物现场采样记录

月　日	采样器编号	滤膜编号	采样起始时间	采样结束时间	累计采样时间	测试人

表 5-4 悬浮颗粒物浓度分析记录

月　日	滤膜编号	采样标准状态流量/(m^3/min)	累计采样时间/min	累计采样体积/m^3	滤膜质量/g			总悬浮颗粒物浓度/($\mu g/m^3$)
					空膜	尘膜	差值	

5.2.7　实验结果

结果计算：

$$总悬浮颗粒物含量（\mu g/m^3） = \frac{K \times (W_1 - W_0)}{Q_N \times t}\tag{5-8}$$

式中：t——累计采样时间，min；

Q_N——采样器平均抽气流量，即式（5-3）或式（5-4）Q_{HN} 或 Q_{MN} 的计算值；

K——常数，大流量采样器 $K = 1 \times 10^6$；中流量采样器 $K = 1 \times 10^9$。

5.2.8　思考题

1）测定空气总悬浮颗粒物的要点是什么？

2）测定空气总悬浮颗粒物应注意哪些问题？

5.3　PM_{10}、$PM_{2.5}$ 的测定

5.3.1　PM_{10}、$PM_{2.5}$ 的测定——重量法

5.3.1.1　实验目的

1）掌握测定空气中 PM_{10}、$PM_{2.5}$ 的方法。

2）校园休闲娱乐区、生活区、学习区等不同功能区的空气进行监测，以掌握校园空气质量的基本状况。

5.3.1.2　实验原理

分别通过具有一定切割特性的采样器，以恒速抽取定量体积空气，使环境空气中 PM_{10} 和 $PM_{2.5}$ 被截留在已知质量的滤膜上，根据采样前后滤膜的重量差和采样体积，计算出 PM_{10} 和 $PM_{2.5}$ 的浓度。

5.3.1.3　实验试剂及仪器

（1）切割器

1）PM_{10} 切割器、采样系统：切割粒径 Da_{50}=（10±0.5）μm；捕集效率的几何标准差为 σ_g=（1.5±0.1）μm。

2）$PM_{2.5}$ 切割器、采样系统：切割粒径 Da_{50}=（2.5±0.2）μm；捕集效率的几何标准差为 σ_g=（1.2±0.1）μm。

（2）采样器孔口流量计或其他符合本标准技术指标要求的流量计

1）大流量流量计：量程 0.8～1.4 m^3/min；误差≤2%。

2）中流量流量计：量程 60～125 L/min；误差≤2%。

3）小流量流量计：量程＜30 L/min；误差≤2%。

（3）滤膜

根据样品采集目的可选用玻璃纤维滤膜、石英滤膜等无机滤膜或聚氯乙烯、聚丙烯、混合纤维素等有机滤膜。滤膜对 0.3 μm 标准粒子的截留效率不低于 99%。空白滤膜进行平衡处理至恒重，称量后，放入干燥器中备用。

（4）分析天平

感量 0.1 mg 或 0.01 mg。

（5）恒温恒湿箱（室）

箱（室）内空气温度在 15～30℃范围内可调，控温精度±1℃。箱（室）内空气相对湿度应控制在 50%±5%。恒温恒湿箱（室）可连续工作。

（6）干燥器

内盛变色硅胶。

5.3.1.4　实验步骤

1）将滤膜放在恒温恒湿箱（室）中平衡 24 h，平衡条件为：温度取 15～30℃中任何一点，相对湿度控制在 45%～55% 范围内，记录平衡温度与湿度。在上述平衡条件下，用感量为 0.1 mg 或 0.01 mg 的分析天平称量滤膜，记录滤膜质量。同一滤膜在恒温恒湿箱（室）中相同条件下再平衡 1 h 后称重。对于 PM_{10} 和 $PM_{2.5}$ 颗粒物样品滤膜，两次重量之差分别小于 0.4 mg 或 0.04 mg 为满足恒重要求。

2）环境空气监测中采样时，采样器入口距地面高度不得低于 1.5 m。采样不宜在风速大于 8 m/s 的天气条件下进行。采样点应避开污染源及障碍物。如果测定交通枢纽处 PM_{10} 和 $PM_{2.5}$，采样点应布置在距人行道边缘外侧 1 m 处。

3）采用间断采样方式测定日平均浓度时，其次数不应少于 4 次，累计采样时间不应少于 18 h。

4）采样时，将已称重的滤膜用镊子放入洁净采样夹内的滤网上，滤膜毛面应朝进气方向。将滤膜牢固压紧至不漏气。如果测定单次浓度，需使用新滤膜；如测日平均浓度，样品可采集在一张滤膜上。采样结束后，用镊子取出。将有尘面对折两次，放入样品盒或纸袋，并做好采样记录。

5）采样后滤膜样品在恒温恒湿箱（室）中相同条件下称量。

6）滤膜采集后，如不能立即称重，应在 4℃条件下冷藏保存。

5.3.1.5　实验数据

实验数据记录见表 5-5 和表 5-6。

5.3.1.6　实验结果

PM_{10} 和 $PM_{2.5}$ 浓度按下式计算：

$$\rho = \frac{W_2 - W_1}{V} \times 1\,000$$

式中：ρ ——PM_{10} 或 $PM_{2.5}$ 浓度，mg/m^3；

W_2——采样后滤膜的质量，g；

W_1——空白滤膜的质量，g；

V——已换算成标准状态（101.325 kPa，273 K）下的采样体积，m^3。

5.3.1.7　思考题

1）重量法测定 PM_{10} 或 $PM_{2.5}$ 的要点是什么？

2）重量法测定 PM_{10} 或 $PM_{2.5}$ 应注意哪些问题？

5.3.1.8　注意事项

1）采样器每次使用前需进行流量校准。

2）滤膜使用前均需进行检查，不得有针孔或任何缺陷。滤膜称量时要消除静电的影响。

3）取清洁滤膜若干张，在恒温恒湿箱（室），按平衡条件平衡 24 h，称重。每张滤膜非连续称量 10 次以上，求每张滤膜的平均值为该张滤膜的原始质量。以上述滤膜作为"标准滤膜"。每次称滤膜的同时，称量两张"标准滤膜"。若"标准滤膜"称出的重量在原始质量±5 mg（大流量）和±0.5 mg（中流量和小流量）的范围内，则认为该批样品滤膜称量合格，数据可用。否则应检查称量条件是否符合要求并重新称量该批样品滤膜。

4）要经常检查采样头是否漏气。当滤膜安放正确，采样系统无漏气时，采样后滤膜上颗粒物与四周白边之间界线应清晰，如出现界线模糊，则表明应更换滤膜密封垫。

5）对电机有电刷的采样器，应尽可能在电机由于电刷原因停止工作前更换电刷，以免使采样失败。更换时间视以往情况确定。更换电刷后要重新校准流量。新更换电刷的采样器应在负载条件下运转 1 h，待电刷与转子的整流子良好接触后，再进行流量校准。

6）当 PM_{10} 或 $PM_{2.5}$ 含量很低时，采样时间不能过短。对于感量为 0.1 mg 和 0.01 mg 的分析天平，滤膜上颗粒物负载量应分别大于 1 mg 和 0.1 mg，以减少称量误差。

7）采样前后，滤膜称量应使用同一台分析天平。

5.3.2　PM_{10}、$PM_{2.5}$ 的测定——仪器检测法

5.3.2.1　实验目的

1）掌握测定空气中 PM_{10}、$PM_{2.5}$ 的方法。

2）对校园休闲娱乐区、生活区、学习区等不同功能区的空气进行监测，以掌握校园空气质量的基本状况。

5.3.2.2　实验原理

手持式 PM_{10} 和 $PM_{2.5}$ 测定仪采用激光散射法检测原理。检测器外部空气进入进气口，经切割器去除大于 10 μm 的粒子，遮掉外部光线，进入检测器暗室。暗室内的平行光与受光部的视野成直角交叉构成灵敏区，粒子通过灵敏区时，其 90℃方向散射光透过狭缝射进光电倍增管转换成光电流，经光电流积分电路转换成与散射光成正比的单位时间内的脉冲数。因此记录单位时间内的脉冲数便可求出粒子的相对质量浓度，浓度单位为μg/m³。

5.3.2.3　实验试剂及仪器

手持式 3016 型 PM_{10} 和 $PM_{2.5}$ 测定仪（Graywolf）。手持式 3016 型 PM_{10} 和 $PM_{2.5}$ 测定仪（Graywolf）是专用于测量空气中可吸入颗粒物 PM_{10} 及 $PM_{2.5}$ 数值的专用检测仪器，具有测试精度高、性能稳定、多功能性强、操作简单方便的特点，可广泛适用于公共场所环境及大气环境的测定。

手持式 3016 型 PM_{10} 和 $PM_{2.5}$ 测定仪（Graywolf）如图 5-2 所示。主要性能指标为：电源可充电 Li-ion 锂离子电池，外接电源 100～240 V，输出 12 V/1.25 A；量程（0～1 000 μg/m³）；外形尺寸 22.23 cm（W）× 12.7 cm（D）× 6.35 cm（H），重量约 1 kg（含电池）；工作环境 10～40℃，20%～90% RH；储藏环境：−10～50℃，<98% RH。

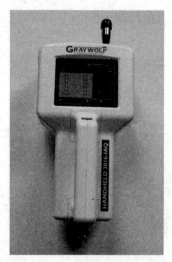

图 5-2　手持式 3016 型颗粒测定仪

5.3.2.4　实验步骤

1）打开电源，将测定仪左边的开关（on/off）置于"on"。

2）轻按测定仪面板上的开始按钮（START），等待读数稳定后，表示测定仪进入准备测量状态，直接记录 PM_{10} 和 $PM_{2.5}$ 数据，每隔 5 s 采集 1 个数据，采样时间 1 000 s。

3）采样时，采样器入口距地面高度不得低于 1.5 m。采样不宜在风速大于 8 m/s 的天气条件下进行。采样点应避开污染源及障碍物。如果测定交通枢纽处 PM_{10} 和 $PM_{2.5}$，采样点应布置在距人行道边缘外侧 1 m 处。

4）检测完毕后，轻按测定仪面板上的 START 键，暂停采样，将测定仪左边的开关（on/off）置于"off"，关机后将测定仪放回原处。

5.3.2.5　实验数据

实验数据记录表见表 5-5 和表 5-6。

5.3.2.6　实验结果

1）对全部监测数据进行算术平均运算，同时计算标准偏差。

2）结合国家空气质量标准，对所测区域的空气质量（PM_{10} 和 $PM_{2.5}$）进行评价。

5.3.2.7　思考题

1）仪器法测定 PM_{10} 或 $PM_{2.5}$ 的要点是什么？

2）仪器法测定 PM_{10} 或 $PM_{2.5}$ 应注意哪些问题？

表 5-5 校园空气质量现场采集记录

校园空气质量 PM$_{10}$ 测量记录							
___年___月___日			_____时____分 至 _____时____分				
天气		地点			测量人员		
仪器		取样间隔时间		取样总次数		PM$_{10}$ 平均值	
(1)	(26)	(51)	(76)	(101)	(126)	(151)	(176)
(2)	(27)	(52)	(77)	(102)	(127)	(152)	(177)
(3)	(28)	(53)	(78)	(103)	(128)	(153)	(178)
(4)	(29)	(54)	(79)	(104)	(129)	(154)	(179)
(5)	(30)	(55)	(80)	(105)	(130)	(155)	(180)
(6)	(31)	(56)	(81)	(106)	(131)	(156)	(181)
(7)	(32)	(57)	(82)	(107)	(132)	(157)	(182)
(8)	(33)	(58)	(83)	(108)	(133)	(158)	(183)
(9)	(34)	(59)	(84)	(109)	(134)	(159)	(184)
(10)	(35)	(60)	(85)	(110)	(135)	(160)	(185)
(11)	(36)	(61)	(86)	(111)	(136)	(161)	(186)
(12)	(37)	(62)	(87)	(112)	(137)	(162)	(187)
(13)	(38)	(63)	(88)	(113)	(138)	(163)	(188)
(14)	(39)	(64)	(89)	(114)	(139)	(164)	(189)
(15)	(40)	(65)	(90)	(115)	(140)	(165)	(190)
(16)	(41)	(66)	(91)	(116)	(141)	(166)	(191)
(17)	(42)	(67)	(92)	(117)	(142)	(167)	(192)
(18)	(43)	(68)	(93)	(118)	(143)	(168)	(193)
(19)	(44)	(69)	(94)	(119)	(144)	(169)	(194)
(20)	(45)	(70)	(95)	(120)	(145)	(170)	(195)
(21)	(46)	(71)	(96)	(121)	(146)	(171)	(196)
(22)	(47)	(72)	(97)	(122)	(147)	(172)	(197)
(23)	(48)	(73)	(98)	(123)	(148)	(173)	(198)
(24)	(49)	(74)	(99)	(124)	(149)	(174)	(199)
(25)	(50)	(75)	(100)	(125)	(150)	(175)	(200)

表 5-6　校园空气质量现场采集记录

校园空气质量 $PM_{2.5}$ 测量记录							
___年___月___日		_____时_____分 至 _____时_____分					
天气		地点		测量人员			
仪器		取样间隔时间		取样总次数		$PM_{2.5}$ 平均值	
（1）	（26）	（51）	（76）	（101）	（126）	（151）	（176）
（2）	（27）	（52）	（77）	（102）	（127）	（152）	（177）
（3）	（28）	（53）	（78）	（103）	（128）	（153）	（178）
（4）	（29）	（54）	（79）	（104）	（129）	（154）	（179）
（5）	（30）	（55）	（80）	（105）	（130）	（155）	（180）
（6）	（31）	（56）	（81）	（106）	（131）	（156）	（181）
（7）	（32）	（57）	（82）	（107）	（132）	（157）	（182）
（8）	（33）	（58）	（83）	（108）	（133）	（158）	（183）
（9）	（34）	（59）	（84）	（109）	（134）	（159）	（184）
（10）	（35）	（60）	（85）	（110）	（135）	（160）	（185）
（11）	（36）	（61）	（86）	（111）	（136）	（161）	（186）
（12）	（37）	（62）	（87）	（112）	（137）	（162）	（187）
（13）	（38）	（63）	（88）	（113）	（138）	（163）	（188）
（14）	（39）	（64）	（89）	（114）	（139）	（164）	（189）
（15）	（40）	（65）	（90）	（115）	（140）	（165）	（190）
（16）	（41）	（66）	（91）	（116）	（141）	（166）	（191）
（17）	（42）	（67）	（92）	（117）	（142）	（167）	（192）
（18）	（43）	（68）	（93）	（118）	（143）	（168）	（193）
（19）	（44）	（69）	（94）	（119）	（144）	（169）	（194）
（20）	（45）	（70）	（95）	（120）	（145）	（170）	（195）
（21）	（46）	（71）	（96）	（121）	（146）	（171）	（196）
（22）	（47）	（72）	（97）	（122）	（147）	（172）	（197）
（23）	（48）	（73）	（98）	（123）	（148）	（173）	（198）
（24）	（49）	（74）	（99）	（124）	（149）	（174）	（199）
（25）	（50）	（75）	（100）	（125）	（150）	（175）	（200）

5.4 二氧化硫（SO₂）的测定

5.4.1 实验目的

1）通过对空气中二氧化硫含量的监测，初步掌握甲醛溶液吸收-盐酸副玫瑰苯酚分光光度法测定空气中的二氧化硫含量的原理和方法。

2）在总结监测数据的基础上，对校区环境空气质量现状（二氧化硫指标）进行分析评价。

5.4.2 实验原理

5.4.2.1 二氧化硫的基本性质

二氧化硫（SO_2）又名亚硫酸酐，分子量为 64.06，为无色有很强刺激性的气体，沸点为-10℃，熔点为-76.6℃，对空气的相对密度为 2.26。极易溶于水，在0℃时，1 L 水可溶解 79.8 L SO_2，20℃溶解 39.4 L SO_2。SO_2 也溶于乙醇和乙醚。SO_2 是一种还原剂，与氧化剂作用生成 SO_3 或 H_2SO_3。

5.4.2.2 盐酸副玫瑰苯酚分光光度法

测定 SO_2 最常用的化学方法是盐酸副玫瑰苯酚分光光度法，吸收液是Na_2HgCl_4 或 K_2HgCl_4 溶液，与 SO_2 形成稳定的络合物。为避免汞的污染，近年来用甲醛溶液代替汞盐作吸收液。

SO_2 被甲醛缓冲溶液吸收后，生成稳定的羟甲基磺酸加成化合物，与盐酸副玫瑰苯胺作用，生成紫红色化合物，用分光光度计在 570 nm 处进行测定。

测定范围为 10 mL 样本溶液中含 0.3～20 μg SO_2。若采样体积为 20 L，则可测浓度范围为 0.015～1.000 mg/m³。

5.4.2.3 方法特点

加入氨磺酸钠溶液可消除氮氧化物的干扰，采样后放置一段时间可使臭氧自行分解，加入磷酸和乙二胺四乙酸二钠盐，可以消除或减小某些重金属的干扰。

空气中一般浓度水平的某些重金属和臭氧、氮氧化物不干扰本法测定。

本方法克服了四氯汞盐吸收—盐酸副玫瑰苯酚风光光度法对显色温度的严格要求，适宜的显色温度范围较宽，为 15～25℃，可根据室温加以选择。但样品应与标准曲线在同一温度、时间条件下显示测定。

本方法也克服了汞的污染。

5.4.3 实验试剂及仪器

5.4.3.1 实验试剂

1）吸收液储备液（甲醛—邻苯二甲酸氢钾）：称取 2.04 g 邻苯二甲酸氢钾和 0.364 g 乙二胺四乙酸二钠（EDTA-2Na）溶于水中，加入 5.5 mL 3.7 g/L 甲醛溶液，用水稀释至 1 000 mL，混匀。

2）吸收液使用液：吸取吸收液储备液 25 mL 于 250 mL 容量瓶中，用水稀释至刻度。

3）氢氧化钠溶液 c（NaOH）=2 mol/L：称取 4 g NaOH 溶于 50 mL 水中。

4）氨基磺酸 0.6 g/100 mL：称取 0.3 g 氨基磺酸，溶解于 50 mL 水中，并加入 1.5 mL 2 mol/L NaOH 溶液，pH=5。

5）盐酸副玫瑰溶液 0.025 g/100 mL。

6）碘溶液（1/2 I_2=0.10 mol/L）：称取 1.27 g 碘于烧杯中，加入 4.0 g 碘化钾和少量水，搅拌至完全溶解，用水稀释至 100 mL，储存于棕色瓶中。

7）淀粉溶液（0.5 g/100 mL）：称取 0.5 g 可溶性淀粉，用少量水调成糊状，慢慢倒入 100 mL 沸水，继续煮沸至溶液澄清，冷却后存于试剂瓶中，临用现配。

8）硫代硫酸钠标准溶液 c（$Na_2S_2O_3$）=0.1 mol/L。

9）二氧化硫标准储备溶液：称取 0.1 g 亚硫酸钠（Na_2SO_3）及 0.01 g 乙二胺四乙酸二钠盐（EDTA-2Na）溶于 100 mL 新煮沸并冷却的水中，此溶液每毫升含有相当于 320～400 μg 二氧化硫。溶液需放置 2～3 h 后标定其准确浓度。

标定方法：吸取 20.00 mL 二氧化硫标准储备溶液，置于 250 mL 碘量瓶中，加入 50 mL 新煮沸但已冷却的水，20.00 mL 碘溶液（1/2 I_2=0.10 mol/L）及 1 mL 冰乙酸，盖塞，摇匀。于暗处放置 5 min 后，用 0.1 mol/L 硫代硫酸钠标准溶液滴定至浅黄色，加入 2 mL 0.5 g/100 mL 淀粉溶液，继续滴定至蓝色刚好褪去为终点。记录滴定所用硫代硫酸钠标准溶液的体积 V，另取水 20 mL 进行空白试验，记录空白滴定硫代硫酸钠的体积 V_0。按下式计算二氧化硫标准储备溶液的浓度：

$$c_{SO_2} = \frac{(V_0 - V) \times c_{Na_2S_2O_3} \times 32.02}{20.00} \times 1000$$

10）二氧化硫标准使用液：吸取二氧化硫标准储备液 X mL

（ $X = \dfrac{5.0\,\mu g/mL \times 50\,mL}{c_{SO_2}}$ ）于 50 mL 容量瓶中，用吸收液使用液定容至刻度。

5.4.3.2 实验仪器

烧杯、50 mL 容量瓶、分光光度计、玻璃棒、天平等。

5.4.4 实验样品及预处理

用一个内装 8 mL 采样吸收液的多孔玻板吸收管，以 0.5 L/min 的流量，采样 40 min。同时，测定气温、气压。据此计算出相当于标准状态下的采样体积 V_0。

5.4.5 实验步骤

（1）标准曲线的绘制

吸取 SO₂ 标准使用液 0.00 mL、0.25 mL、0.50 mL、1.00 mL、2.00 mL、4.00 mL 于 10 mL 比色管中，用吸收使用液定容至 10 mL 刻度处，分别加入 0.5 mL 0.6 g/100 mL 氨基磺酸钠溶液，0.5 mL 2.0 mol/L NaOH 溶液，充分混匀后，再加入 2.5 mL 0.025 g/100 mL 盐酸副玫瑰苯胺溶液，立即混匀。等待显色（可放入恒温水浴中显色）。参照表 5-7 选择显色条件：

表 5-7 显色温度与显色时间对应

显色温度/℃	10	15	20	25	30
显色时间/min	40	20	15	10	5
稳定时间/min	50	40	30	20	10

根据实验室室温条件，选择 20℃对应显色条件进行操作。

依据显色条件，用 10 mm 比色皿，以吸收液作参比，在波长 570 nm 处，测定各管吸光度。以 SO₂ 含量（μg）为横坐标，吸光度为纵坐标，绘制标准曲线。

（2）样品测定

采样后，样品溶液转入 10 mL 比色管中，用少量（<1 mL）吸收液洗涤吸收管内容物，合并到样品溶液中，并用吸收液定容至 10 mL 刻度处。按上述绘制标准曲线的操作步骤，测定吸光度。将测得的吸光度值标在标准曲线上，通过查取或计算，得到样品中 SO_2 的量（μg）。

5.4.6　实验数据记录及处理

（1）SO_2 标准储备液浓度的测定

根据上述对 SO_2 标准储备液浓度进行标定，标定结果见表 5-8。

表 5-8　SO_2 标准储备液标定数据

		起始刻度/mL	终止刻度/mL	滴定体积/mL
实验组	1			
	2			
空白组				

（2）SO_2 标准使用液使用量计算

$$x = \frac{5.0\ \mu g/mL \times 50\ mL}{c_{SO_2}}$$

（3）采样体积换算

根据实验当天气温、气压条件：$t=20℃$，$P=101.8\ kPa$

$$V_0 = 0.5\ L/min \times 40\ min \times \frac{273}{273+20} \times \frac{101.8}{101.3} = 18.73\ L$$

（4）标准曲线绘制

不同浓度的 SO_2 标准使用液吸光度测定结果见表 5-9。

表 5-9　不同含量的 SO_2 标准使用液吸光度测定结果

SO_2 标准使用液添加体积/mL	0.00	0.25	0.50	1.00	2.00	4.00
SO_2 含量/μg						
吸光度						

$$M = 5.0\ \mu g/mL \times V$$

式中：M——SO_2 含量，μg；

$\quad\quad$ V——SO_2 标准使用液添加体积，mL。

以 SO_2 含量（μg）为横坐标，吸光度为纵坐标，绘制标准曲线。

5.4.7　思考题

影响测定误差的主要因素有哪些，应如何减少误差？

5.4.8　注意事项

1）加入氨磺酸钠溶液可消除氮氧化物的干扰，采样后放置一段时间可使臭氧自行分解，加入磷酸和乙二胺四乙酸二钠盐，可以消除或减小某些重金属的干扰。

2）空气中一般浓度水平的某些重金属和臭氧、氮氧化物不干扰本法测定。当 10 mL 样品溶液中含有 1 μg Mn^{2+} 或 0.3μg 以上 Cr^{6+} 时，对本方法测定有负干扰。加入环己二胺四乙酸二钠（简称 CDTA）可消除 0.2 mg/L 浓度的 Mn^{2+} 的干扰；增大本方法中的加碱量（如加 2.0 mol/L 的氢氧化钠溶液 1.5 mL）可消除 0.1 mg/L 浓度的 Cr^{6+} 的干扰。

3）二氧化硫在吸收液中的稳定性：本法所用吸收液在 40℃气温下，放置 3 d，损失率为 1%，37℃下 3 d 损失率为 0.5%。

4）本方法克服了四氯汞盐吸收盐酸副玫瑰苯胺分光光度法对显色温度的严格要求，适宜的显色温度范围较宽，为 15～25℃，可根据室温加以选择。但样品应与标准曲线在同一温度、时间条件下显色测定。

5.5　氮氧化物（NO$_x$）的测定

5.5.1　实验目的

1）了解大气中监测采样器的结构和使用操作。

2）熟悉用气体吸收比色法测定大气中气态污染物的过程。

5.5.2　实验原理

大气中的氮氧化物主要是一氧化氮和二氧化氮。测定氮氧化物浓度时，先用三氧化铬氧化管将一氧化氮氧化成二氧化氮。二氧化氮被吸收在溶液中形成亚硝酸，与对氨基苯磺酸起重氮化反应，在与盐酸萘乙二胺偶合，生成玫瑰红色偶氮染料。颜色深浅，比色定量，测定结果以 NO_2 表示。本法检出限为 0.05 μg/mL，当采样体积为 6 L 时，最低检出浓度为 0.01 mg/m³。

5.5.3　实验试剂及仪器

（1）实验试剂

所有试剂均不含亚硝酸盐的重蒸蒸馏水配制。检验方法是要求该蒸馏水配制的吸收液不呈淡红色。

1）吸收液：称取 5.0 g 对氨基苯磺酸，置于 200 mL 烧杯中，将 50 mL 冰醋酸于 900 mL 水的混合液分数次加入烧杯中，搅拌使其溶解，并迅速转入 1 000 mL 棕色容量瓶中，待对氨基苯磺酸溶解后，加入 0.05 g 盐酸萘乙酸二胺，溶解后，用水稀释至标线，摇匀，贮于棕色瓶中，此为吸收原液，放在冰箱中可保存一个月。采样时，按 4 份吸收原液与 1 份水的比例混合成采样的吸收液。

2）三氧化铬-砂子氧化管：将河沙洗净、晒干、筛取 20～40 目的部分，用（1+2）的盐酸浸泡一夜，用水洗至中性后烘干。将三氧化铬及砂子按（1+2）的重量混合，加入少量水调匀，放在红外灯下或烘箱里于 105℃烘干，烘干过程中应搅拌数次。三氧化铬-砂子应是松散的，若粘在一起，说明三氧化铬比例太大，可适当增加一些砂，重新制备。将三氧化铬-砂子装入双色玻璃管中，两端用脱脂棉塞好，并用塑料制的小帽子将氧化管的两端盖紧，备用。

3）亚硝酸钠标准贮备液：将粒状亚硝酸钠在干燥器内放置 24 h，称取 0.015 00 g 溶于水，然后移入 1 000 mL 容量瓶中，用水稀释至标线，此溶液每毫升含 100 mg NO_2^-，贮于棕色瓶中，存放在冰箱里，可稳定 3 个月。

4）亚硝酸钠标准溶液：临用前，吸取 2.50 mL 亚硝酸钠标准贮备液于 100 mL 容量瓶中，用水稀释至标线。此溶液每毫升含 2.5 μgNO_2^-。

（2）实验仪器

1）多孔玻板吸收管。

2）大气采样器：流量范围 0～1 L/min。

3）分光光度计。

4）双球玻璃管。

5.5.4　采样方法

将 5 mL 吸收液注入多孔玻板吸收管中，吸收管的进气口接三氧化铬-砂子氧化管，并使氧化管的进气端略向下倾斜，以免潮湿空气将氧化管弄湿污染后面吸收管。吸收出气口与大气采样器相连接，以 0.3 L/min 的流量避光采样至吸收液成浅玫瑰色为止，如不变色，应加大采样流量或延长采样时间，在采样同时，应测定采样现场的温度和大气压力，并做好记录。

5.5.5　实验步骤

（1）标准曲线的绘制

取 7 只 10 mL 比色管，按表 5-10 所列数据配制标准色阶。

表 5-10　测定 NO$_2$ 所配制的标准色列

溶液 　　　　管号	0	1	2	3	4	5	6
NO$_2^-$标准使用液/mL	0.0	0.10	0.20	0.30	0.40	0.50	0.60
吸收原液/mL	4.00	4.00	4.00	4.00	4.00	4.00	4.00
水/mL	1.00	0.90	0.80	0.70	0.60	0.50	0.40

加入试剂后，摇匀，避免阳光直射，放置 15 min，用 1 cm 比色皿，于波长 540 nm 处，以水为参比，测定吸光度，用测得的吸光度对 5 mL 溶液中 NO$_2^-$ 含量（μg）绘制标准曲线，并计算鉴别点比值：

$$\text{NO}_2^-（\mu g）/[（标准液吸光度-空白液吸光度）\times 5]$$

取各点计算结果的平均值为计算因子（B_s）。

（2）样品的测定

采样后，放置 15 min，将吸收液倒入比色皿器，与标准曲线绘制时的条件相同测定吸光度。

5.5.6　实验结果处理

（1）氮氧化物

$$\text{NO}_2（\text{mg/m}^3）= \frac{(A-A_0)\times B_s \times 5}{V_t \times 0.76}$$

式中：A——试样溶液的吸光度；

A_0——试剂空白液的吸光度；

B_s——计算因子；

V_t——换算为参比状态下的采样体积，L；

0.76——NO_2（气）转变为 NO_2^-（液）的转换系数。

（2）气体体积换算

在现场采样时，除了记录气体的流量和采样持续的时间外，还必须记录采样现场的温度和大气压力，利用气体流量和采样时间，即可用下式求得现场温度和压力下的采样体积：

$$V_t = QS$$

式中：V_t——现场温度和压力下的采样体积，L；

Q——气体流量，min^{-1}；

S——采样时间，min。

由于气体体积随温度和压力的不同而不同，采样现场的温度和压力变化较大，因此上式求出的是采样体积计算待测物浓度，即使待测物的浓度相同，也会因现场温度和压力的不同而得出不同的结果。为了统一比较，在我国《环境监测分析方法》中规定用参比状态（温度为 25℃，大气压力 101.3 kPa）下的气样体积计算待测物的浓度。为此在计算分析结果时，先要利用下式把现场状态下的采气体积换算成参比状态下的采气体积。

$$V_{25} = V_t \times \frac{273 + 25}{273 + t} \times \frac{P_A}{101.3}$$

式中：V_{25}——参比状态下的采气体积，L；

V_t——现场状态下的采气体积，L；

t——采样现场的温度，℃；

P_A——采样现场的大气压力，kPa。

5.5.7　思考题

1）此实验的采样时间如何确定为合适？

2）测定时采样器应放置在什么地方？为什么？

3）结果计算除用计算因子法外还有何法？

5.5.8　**注意事项**

1）配制溶液时，应避免在空气中长时间暴露，以免吸收空气中的氮氧化物，日光照射能使吸收液显色。因此在采样、运送及存放过程中，都应采取避光措施。

2）在采样过程中，如吸收液体积显著缩小，要用水补充到原来的体积（应预先作好标记）。

3）氧化管适用于相对湿度为 30%～70%时使用，当空气相对湿度大于 70%时，应勤换氧化管；小于 30%时，在使用前经过水面的潮湿空气通过氧化管，平衡 1 h，再使用。

第6章 噪声监测

6.1 校园区域环境噪声监测方案的制订

制订校园区域环境噪声监测方案的程序首先要根据监测目的进行调查研究，收集相关的资料，然后经过综合分析，确定监测项目，设计监测布点网络，选定采样频率、采样方法和监测技术，建立质量保证程序和措施，提出进度安排计划和对监测结果报告的要求等。下面结合我国现行技术规范，对监测方案的基本内容加以介绍。

6.1.1 实验目的

1）通过对校园不同区域的噪声进行定期或连续的监测，判断校园噪声是否符合《声环境质量标准》，为校园声环境质量状况评价提供依据。

2）为研究校园噪声的变化规律和发展趋势，开展校园噪声污染的预测预报，为校园噪声污染治理提供数据支持。

3）通过实验进一步巩固理论知识，深入了解校园噪声污染的具体采样方法、分析方法、误差分析及数据处理等方法。

6.1.2 现场调查和资料收集

（1）污染源分布情况

通过调查，将监测区域内的污染源类型、数量、位置调查清楚。校园内的噪声源主要有建筑施工工地、食堂、教学楼、宿舍楼、体育场及校园道路上行驶的车辆等，在布设监测点时应加以考虑。

（2）气象资料

当地的气象条件对噪声的监测产生影响，因此，要收集监测区域的风向、风速、气温、气压、降水量、日照时间、相对湿度等资料。

（3）地形资料

地形对当地的风向、风速和大气稳定情况等有影响，是设置监测网点应当考虑的重要因素。

（4）土地利用和功能分区情况

监测区域内土地利用情况及功能区划分也是设置监测网点应考虑的重要因素之一。不同功能区的污染状况是不同的，如办公区、教学区、居民区、运动区、宿舍区等。

6.1.3 采样点的设置

6.1.3.1 采样点的布设原则和要求

（1）一般户外

距离任何反射物（地面除外）至少 3.5 m 外测量，距地面高度 1.2 m 以上。必要时可置于高层建筑上，以扩大监测受声范围。使用监测车辆测量，传声器应固定在车顶部 1.2 m 高度处。

（2）噪声敏感建筑物户外

在噪声敏感建筑物外，距墙壁或窗户 1 m 处，距地面高度 1.2 m 以上。

（3）噪声敏感建筑物室内

距离墙面和其他反射面至少 1 m，距窗约 1.5 m 处，距地面 1.2～1.5 m 高。

6.1.3.2 采样点的布设方法

城市区域环境噪声普查方法适用于为了解某一类区域或整个城市的总体环境噪声水平、环境噪声污染的时间与空间分布规律而进行的测量。基本方法有网格测量法和定点测量法两种。

（1）网格测量法

将要普查测量的城市某一区域或整个城市划分成多个等大的正方格，网格要完全覆盖住被普查的区域或城市。每一网格中的工厂、道路及非建成区的面积之和不得大于网格面积的 50%，否则视为该网格无效。有效网格总数应多于 100 个。

测点布在每一个网格的中心。若网格中心点不宜测量（如为建筑物、厂区内等），应将测点移动到距离中心点最近的可测量位置上进行测量。

应分别在昼间和夜间进行测量。在规定的测量时间内，每次每个测点测量 10 min 的连续等效 A 声级（L_{Aeq}），简称 L_{eq}。将全部网格中心测点测得的 10 min 的连续等效 A 声级计算算术平均值，所得到的平均值代表某一区域或全市的噪声水平。

将测量到的连续等效 A 声级按 5 dB 一档分级（如 60～65 dB，65～70 dB，70～75 dB）。用不同的颜色或阴影线表示每一档等效 A 声级，绘制在覆盖某一区域或城市的网格上，用于表示区域或城市的噪声污染分布情况。

（2）定点测量法

在标准规定的城市建成区中，优化选取一个或多个能代表某一区域或整个城市建设区环境噪声平均水平的测点，进行 24 h 连续监测。测量每小时的 L_{eq} 及昼间的 L_d 和夜间的 L_n，可按网格测量法测量。将每 1 小时测得的连续等效 A 声级按时间排列，得到 24 h 的声级变化图形，用于表示某一区域或城市环境噪声的时间分布规律。

6.1.4　监测内容确定

经过对以上的调查研究和相关资料的讨论及综合分析，对校园内不同功能区的噪声进行监测。

6.1.5　分析方法

（1）采样方法

噪声测量仪器精度为 2 型及 2 型以上的积分平均声级计或环境噪声自动监测仪器，其性能需符合 GB 3785 和 GB/T 17181 的规定，并定期校验。测量前后使用声校准器校准测量仪器的示值偏差不得大于 0.5 dB，否则测量无效。声校准器应满足 GB/T 15173 对 1 级或 2 级声校准器的要求。测量时传声器应加防风罩。

测量应在无雨雪、无雷电天气，风速 5 m/s 以下时进行。

（2）分析方法

等效连续 A 声级，指在规定测量时间 T 内 A 声级的能量平均值，用 $L_{Aeq,T}$ 表示，简写为 L_{eq}，单位 dB（A）。

6.1.6　采样时间和频次

采样时间及频次应根据《声环境质量标准》（GB 3096—2008）中噪声监测数据统计的有效性规定确定；采样时间为昼间工作时间，应避开节假日和非正常工作日。在前述采样时间内，每个采样点每隔 5 s 读取 1 个瞬时 A 声级，连续读取 200 个数据。测量过程中，一人手持仪器测量，另一人记录瞬时声级，测量时噪声仪距任意建筑物不得小于 1 m，传声器对准声源方向。读数的同时记录附近主要噪声来源和天气条件。

6.1.7　监测结果分析与评价

将采样点监测的 200 个等效声级 L_{eq} 做算术平均运算，所得到的平均值代表某一声境功能区的总体环境噪声水平，按照《声环境质量标准》（GB 3096—2008），对监测区域的声环境质量进行评价，并计算标准偏差。

6.1.8　监测报告

对监测区域的监测数据整理、分析，给出监测报告。

6.2　校园区域噪声监测

6.2.1　实验目的

1）了解噪声测定的方法。
2）学习使用声级计。
3）对校园休闲娱乐区、生活区、学习区等不同功能区的噪声进行监测，以掌握校园声环境质量的基本状况。

6.2.2　实验原理

声级计是噪声测量中最基本的仪器，一般由传声器、前置放大器、衰减器、放大器、频率计权网络以及有效值指示表头等组成。

声级计的工作原理是：由传声器将声音转换成电信号，再由前置放大器变换阻抗，使传声器与衰减器匹配。放大器将输出信号加到计权网络，对信号进行频率计权（或外接滤波器），然后再经衰减器及放大器将信号放大到一定的幅值，送到有效值检波器（或外按电平记录仪），在指示表头上给出噪声声级的数值。

6.2.3 实验试剂及设备

手持式 TES1350A 声级计是专用于测量环境噪声的专用检测仪器。具有测试精度高、性能稳定、多功能性强、操作简单方便的特点，可广泛适用于公共场所环境噪声的测定。

手持式 TES1350A 声级计如图 6-1 所示。主要性能指标为：单一 9 V 电池，量程（35～130 dB）；外形尺寸 240 mm（W）× 68 mm（D）× 25 mm（H），重量约 210 g（含电池）；工作环境 0～40℃，10%～90% RH；储藏环境：-10～60℃，10%～75% RH。

图 6-1 TES1350A 型声级计

6.2.4 实验步骤

（1）监测点布设

将要监测的某一声环境功能区划分成多个等大的正方格，网格要完全覆盖住被普查的区域。监测点应设在每一个网格的中心，监测点条件为一般户外条件。

（2）声级计放置位置

根据监测对象和目的，可选择以下 3 种测点条件（指传声器所置位置）进行环境噪声的测量：

1）一般户外，距离任何反射物（地面除外）至少 3.5 m 外测量，距地面高度 1.2 m 以上。必要时可置于高层建筑上，以扩大监测受声范围。使用监测车辆测量，传声器应固定在车顶部 1.2 m 高度处。

2）噪声敏感建筑物外，距墙壁或窗户 1 m 处，距地面高度 1.2 m 以上。

3）噪声敏感建筑物室内，距离墙面和其他反射面至少 1 m，距窗约 1.5 m 处，距地面 1.2～1.5 m 高。

（3）声级计使用方法

1）打开噪声计电源开关并选择适当的挡位"Hi"或"Lo"。

2）要读取即时的噪音量请选择"RESPONSE"（响应）的"F"（FAST）快速，想获得当时的均噪音量则选择"S"（SLOW）慢速。

3）如果要测量音量的最大读值可使用"MAX HOLD"功能，将"RESPONSE"开关选在"MAX HOLD"位置，按下"RESET"按键开始测量最大音量。

4）要测量以人为感受的噪音量请选择"FUNCT"（功能）的"A 加权"，如果要测量机器所发出的噪音则选择"C 加权"，测量前可先选择 CAL94dB 自我校正一次，判断仪表是否正常。

5）手持噪音计或将噪音计架在三脚架上以麦克风距离音源约 1～1.5 m 距离测量。

6）测量完毕将电源开关关至"POWER OFF"位置。

（4）监测内容

监测分别在昼间工作时间进行。在前述测量时间内，每隔 5 s 读 1 个瞬时 A 声级，每个监测点测量 200 个等效声级 L_{eq}，同时记录噪声主要来源记录见表 6-1。监测应避开节假日和非正常工作日，测量应在无雨雪、无雷电天气，风速 5 m/s 以下时进行。

表 6-1 校园噪声现场采集记录

年__月__日		时____分 至____时____分					
天气		地点		测量人员		仪器	
噪声源		取样间隔时间		取样总次数		噪声平均值	
(1)	(26)	(51)	(76)	(101)	(126)	(151)	(176)
(2)	(27)	(52)	(77)	(102)	(127)	(152)	(177)
(3)	(28)	(53)	(78)	(103)	(128)	(153)	(178)
(4)	(29)	(54)	(79)	(104)	(129)	(154)	(179)
(5)	(30)	(55)	(80)	(105)	(130)	(155)	(180)
(6)	(31)	(56)	(81)	(106)	(131)	(156)	(181)
(7)	(32)	(57)	(82)	(107)	(132)	(157)	(182)
(8)	(33)	(58)	(83)	(108)	(133)	(158)	(183)
(9)	(34)	(59)	(84)	(109)	(134)	(159)	(184)
(10)	(35)	(60)	(85)	(110)	(135)	(160)	(185)
(11)	(36)	(61)	(86)	(111)	(136)	(161)	(186)
(12)	(37)	(62)	(87)	(112)	(137)	(162)	(187)
(13)	(38)	(63)	(88)	(113)	(138)	(163)	(188)
(14)	(39)	(64)	(89)	(114)	(139)	(164)	(189)
(15)	(40)	(65)	(90)	(115)	(140)	(165)	(190)
(16)	(41)	(66)	(91)	(116)	(141)	(166)	(191)
(17)	(42)	(67)	(92)	(117)	(142)	(167)	(192)
(18)	(43)	(68)	(93)	(118)	(143)	(168)	(193)
(19)	(44)	(69)	(94)	(119)	(144)	(169)	(194)
(20)	(45)	(70)	(95)	(120)	(145)	(170)	(195)
(21)	(46)	(71)	(96)	(121)	(146)	(171)	(196)
(22)	(47)	(72)	(97)	(122)	(147)	(172)	(197)
(23)	(48)	(73)	(98)	(123)	(148)	(173)	(198)
(24)	(49)	(74)	(99)	(124)	(149)	(174)	(199)
(25)	(50)	(75)	(100)	(125)	(150)	(175)	(200)

6.2.5　实验结果

将采样点监测的 200 个等效声级 L_{eq} 做算术平均运算，所得到的平均值代表某一声环境功能区的总体环境噪声水平，并计算标准偏差。

实际测量噪声是通过不连续的采样进行测量，假如采样时间间隔相等，则：

$$L_{eq} = 10 \lg\left(\frac{1}{n}\sum_{i=1}^{n}10^{0.1L_i} \right) \tag{6-1}$$

式中：L_{eq} —— 噪声测量的等效声级；

　　　n —— 采样总数；

　　　L_i —— 第 i 次采样测得的 A 声级。

实验计算所得噪声值根据附录 7 所附标准进行评价。

6.2.6　思考题

1）噪声测定监测点布设的原则是什么？

2）如何测一般户外场地的噪声？

6.3　城市道路交通噪声监测

6.3.1　实验目的

1）通过城市道路交通噪声的测量，加深对道路交通噪声特征的理解。

2）掌握道路交通噪声的评价指标与评价方法。

3）分析城市道路交通噪声声级与车流量、路况等的关系及变化的规律。

6.3.2　实验原理

道路交通噪声除了可采用等效连续 A 声级来评价外，还可采用累计百分声级来评价噪声的变化。在规定测量时间内，有 $N\%$ 时间的 A 计权声级超过某一噪声级，该噪声级就称为累计百分声级，用 L_N 表示，单位为 dB。累计百分声级用来表示随时间起伏的无规则噪声的声级分布特性，最常用的是 L_{10}、L_{50} 和 L_{90}。

L_{10}——在测量时间内，有 10%时间的噪声级超过此值，相当于峰值噪声级。

L_{50}——在测量时间内，有 50%时间的噪声级超过此值，相当于中值噪声级。

L_{90}——在测量时间内，有 90% 时间的噪声级超过此值，相当于本底噪声级。

如果数据采集是按等时间间隔进行的，则 L_N 也表示有 $N\%$ 的数据超过的噪声级。一般 L_N 和 L_{eq} 之间有如下近似关系：

$$L_{eq}（dB）\approx L_{50} + \frac{(L_{10} - L_{90})^2}{60} \tag{6-2}$$

6.3.3 实验试剂及设备

测量仪器为精度为 2 型以上的积分式声级计或环境噪声自动监测仪，其性能符合 GB 3785 的要求。测量前后使用声级校准器校准测量仪器的示值，偏差应不大于 0.5 dB，否则测量无效。

测量应选在无雨、无雪的天气条件下进行，风速为 5 m/s 以下时进行测量。测量时传声器加风罩。

6.3.4 实验步骤

1）选定某一交通干线作为测量路段，监测点选在两路口之间，距任一路口的距离应大于 50 m，路段不足 100 m 的选路段中点。监测点位于人行道上，距离路面（含慢车道）20 cm 处。监测点高度距离地面为 1.2～6 m。监测点应避开非道路交通源的干扰。传声器应指向被测声源。监测应避开节假日和非正常工作日。

2）监测前采用声级校准器对噪声测量仪器进行校准，并记录校准值。

3）每个监测点测量 20 min 的等效连续 A 声级 L_{eq}，同时记录累计百分声级 L_{10}、L_{50}、L_{90}、L_{max} 和 L_{min}。并采用 2 只计数器分别记录大型车和小型车的数量。

4）测量完成后对测量设备进行再次校准，记下校准值。

6.3.5 实验数据

实验数据记录表见表 6-1。

6.3.6 实验结果

根据道路交通噪声监测的噪声值，按路段长度进行加权算术平均，得出某交通干线区域的环境噪声平均值，计算式如下：

$$\overline{L}（dB）= \frac{1}{l}\sum_{i=1}^{n} l_i L_i \tag{6-3}$$

式中：$\overline{L}$——某交通干线两侧区域的环境噪声平均值，dB；

　　　l——监测路段的总长，$\frac{1}{l}\sum\limits_{i=1}^{n}l$，m；

　　　l_i——第 i 监测点路段的长度，m；

　　　L_i——第 i 段监测点测得的等效声级 L_{Aeq} 或累计百分声级 L_{10}、L_{50}、L_{90}，dB。

所得到的噪声平均值代表某一声环境功能区的总体环境噪声水平，根据城市道路噪声标准对监测点的声环境质量进行评价（见附录 7）。

6.3.7　思考题

1）根据评价量及车流量随时间段的变化关系，分析评价量与车流量的变化趋势。

2）分析等效声级与累计百分声级之间的关系，说明 L_{10}、L_{50}、L_{90} 分别代表的声级的意义。

表 6-2　道路交通噪声采样记录

采样时间：					采样人：				
路段名称	路段起止点	路段长度/m	跌幅宽度/m	道路等级	道路覆盖人口/万人	噪声/dB			
						L_{eq}	L_{10}	L_{50}	L_{90}

注明：路段名称、路段起止点、路段长度：指监测点代表的所有路段。

道路等级：①城市快速路；②城市主干道；③城市次干道；④城市含路面轨道交通的道路；⑤穿过城市的高速公路；⑥其他道路。

路段覆盖人口：指该代表路段两侧对应的 4 类声环境功能区覆盖的人口数量。

6.4　工业企业厂界噪声监测

6.4.1　实验目的

1）通过工业企业厂界噪声的测量，加深对工业企业厂界噪声特征的理解。

2）掌握声级计的使用方法。

3）掌握工业企业厂界噪声的评价指标与评价方法。

6.4.2　实验原理

GB 12348—2008 工业企业厂界环境噪声排放标准，规定了工业企业和固定设备厂界环境噪声排放限值及其测量方法，适用于工业企业噪声排放的管理、评价及控制。机关、事业单位、团体等对外环境排放噪声的单位也按此标准执行。

6.4.3　实验试剂及设备

测量仪器为积分平均声级计或环境噪声自动监测仪，其性能应不低于 GB 3785 和 GB/T 17181 对 2 型仪器的要求。测量 35 dB 以下的噪声应使用 1 型声级计，且测量范围应满足所测量噪声的需要。校准所用仪器应符合 GB/T 15173 对 1 级或 2 级声校准器的要求。当需要进行噪声的频谱分析时，仪器性能应符合 GB/T 3241 中对滤波器的要求。

测量仪器和校准仪器应定期检定合格，并在有效使用期限内使用；每次测量前、后必须在测量现场进行声学校准，其前、后校准示值偏差不得大于 0.5 dB，否则测量结果无效。

测量仪器时间计权特性设为"F"档，采样时间间隔不大于 1 s。

测量应选在无雨、无雪的天气条件下进行，风速为 5 m/s 以下时进行测量。测量时传声器加防风罩。

6.4.4　实验步骤

1）一般情况下，监测点选在工业企业厂界外 1 m、高度 1.2 m 以上、距任一反射面距离不小于 1 m 的位置。当厂界有围墙且周围有受影响的噪声敏感建筑物时，监测点应选在厂界外 1 m、高于围墙 0.5 m 以上的位置。室内噪声测量时，室内监测点位设在距任一反射面至少 0.5 m 以上、距地面 1.2 m 高度处，在受噪声影响方向的窗户开启状态下测量。

2）监测前采用声级校准器对噪声测量仪器进行校准，并记录校准值。

3）分别在昼间、夜间两个时段测量。夜间有频发、偶发噪声影响时同时测量最大声级。一般噪声的测量均选择"F"档特征状态。每秒读取一个数值，测量时间为 1 min。

4）测量完成后对测量设备进行再次校准，记下校准值。

6.4.5　实验数据

实验数据记录表见附表。

6.4.6　实验结果

将采样点监测的等效声级 L_{eq} 做算术平均运算，所得到的平均值代表某一厂界所处声环境功能区的总体环境噪声水平，并计算标准偏差。

实际测量噪声是通过不连续的采样进行测量，假如采样时间间隔相等，则：

$$L_{eq} = 10\lg\left(\frac{1}{n}\sum_{i=1}^{n}10^{0.1L_i}\right) \tag{6-4}$$

式中：L_{eq} —— 噪声测量的等效声级；

　　　n —— 采样总数；

　　　L_i —— 第 i 次采样测得的 A 声级。

计算所得噪声值根据附录 7 所提供标准进行评价。

6.4.7　思考题

1）工业企业厂界噪声测定监测点布设的原则是什么？

2）如何测量工业企业厂界的噪声？

附表 6-1　工业企业厂界环境噪声测量原始记录

测量日期＿＿＿＿＿＿＿测量人员＿＿＿＿＿＿＿气象状况＿＿＿＿＿＿＿

被测量单位名称＿＿＿＿＿＿地址＿＿＿＿＿厂界所处声环境功能区类别＿＿＿＿＿

测量仪器名称及编号＿＿＿＿＿＿校准仪器名称及编号＿＿＿＿＿

仪器校准值（测前）＿＿＿＿＿＿仪器校准值（测后）＿＿＿＿＿

测点编号	监测点位置	测量工况	主要声源	监测时段	测量时间	测量值 $L_{eq}/$ dB（A）	背景值 $L_{eq}/$ dB（A）

测点位置示意图：

备注：

第7章 室内空气监测

7.1 室内空气监测方案的制订

7.1.1 实验目的

了解室内空气质量的检测方法，判断空气质量是否符合室内空气质量标准，提高环保意识。

7.1.2 现场调查和资料收集

近年来，随着科学技术的发展和人民生活水平的提高，大量新型建筑和装修材料进入家庭，加之现代建筑物的密闭性，使得室内空气污染问题日益突出。为保障人民群众的身体健康，国家和有关部门出台了一系列规范及标准以保障人们居住环境的安全，如国家质检总局和建设部联合发布的《民用建筑工程室内环境污染控制规范》，以及由国家质量监督检验检疫总局、卫生部、国家环境保护总局联合颁布的《室内空气质量标准》（GB/T 18883—2002）。这些标准的实施使空气监测有法可依，对控制室内污染起到了很大的作用，但监测中存在的一些问题也应引起足够的重视。在实际分析之前，采样和样品处理方法决定着分析结果的质量，不合适或非专业的采样会使可靠正确的测定方法得出错误的结论。因此，选择和制订周密的样品处理程序和完成准确无误的操作是非常重要的。

7.1.3 采样点的设置

《室内环境质量标准》明确规定了监测与评价的采样要求。采样点的数量根据室内面积大小和现场情况而确定，一般 50 m^2 以下的房间设 $1 \sim 3$ 个点，$50 \sim 100 \text{ m}^2$

的房间设 3~5 个点，100 m² 以上的房间至少设 5 个点，对角线或梅花式布点；采样时应避开通风道和通风口，离墙壁距离应大于 1 m；采样点离地面高度 0.8~1.5 m。当房间内有 2 个及以上检测点时，应取各点检测结果的平均值作为该房间的检测值。评价居室时应在人们正常活动情况下采样，至少监测一天，一天两次，不开门窗；评价办公建筑物时应选择在无人活动情况下采样，至少监测一天，一天两次，不开门窗。

7.1.4　监测内容确定

监测室内空气污染物中甲醛、苯、甲苯、二甲苯、TVOC、氨等的浓度，对比《室内空气质量标准》（GB/T 18883—2002）考察室内空气质量是否达标。

7.1.5　分析方法

JC-5 室内空气质量检测仪，能迅速现场测定空气中甲醛、苯、甲苯、二甲苯、TVOC、氨的浓度，气体检测时间可由手动调整，达到设定的时间后，可自动停止工作，数码管显示读数，得出精确甲醛等有害气体结果。检测甲醛气体含量主要用酚试剂分光光度法，其原理是空气中的甲醛与酚试剂发生反应生成嗪，嗪在酸性溶液中被高价铁离子氧化形成绿色化合物。根据颜色深浅，比色测定含量。苯、甲苯、二甲苯、TVOC、氨的浓度是用比色管检测，由一个充满显色物质的玻璃管和一个抽气采样泵构成。在检测时，将玻璃管的两头折断，通过采样泵将室内空气抽入检测管，吸入的气体和显色物质反应，气体浓度与显色长度成比例关系，从而可以直观地得到气体的浓度，简单实用。适用于居住区、居室空气、室内空气、公共场所、家具、地板、壁纸、毛毯、涂料、园艺、室内装饰装修材料；染料、造纸、制药、医疗、防腐、消毒、化肥、树脂、黏合剂和农药、原料、样品、工艺过程及生产车间和生活场所中空气污染物的现场定量测定。

测定下限：0.01 mg/m³，测定范围：0.00~4.00 mg/m³，适用温度：0~30℃。

7.1.6　采样时间和频次

采样时间指每次采样从开始到结束的时间；采样频次指一个时间段的采样次数。

监测年平均浓度，至少采样 3 个月；监测日平均浓度，至少采样 18 h；监测 8 h 平均浓度，至少采样 6 h；监测 1 h 平均浓度，至少采样 45 min。

长期累积浓度的测定，采样需 24 h 以上，甚至连续几天进行累积采样，多用于对人体健康影响的研究。

短期浓度的监测采样时间为几分钟至 1 h，可反映瞬时浓度的变化及每日各时点的变化，主要用于公共场所及室内污染的研究。

采样前关闭门窗 12 h，采样时关闭门窗（GB/T 18883）。

7.1.7　监测结果分析与评价

监测结果与国家质量监督检验检疫总局、卫生部、国家环境保护总局联合颁布的《室内空气质量标准》（GB/T 18883—2002）进行对比，见附录 6。

7.1.8　监测报告

按照室内空气监测项目要求的格式认真撰写。监测结果分析与评价应参考《室内空气质量标准》（GB/T 18883—2002）。

7.2　室内空气中甲醛的测定

7.2.1　实验目的

了解室内甲醛的检测方法和原理，学会根据国家标准评价甲醛含量，提高环保意识。

7.2.2　实验原理

室内空气样品中的有害气体甲醛被吸收后与显色剂反应生成的有色化合物可以对可见光有选择性地吸收，从而可以通过分光光度法对室内空气样品进行测定。

7.2.3　实验仪器及试剂

1）仪器：JC-5 室内空气质量检测仪。

2）试剂：甲醛试剂一（吸收剂），甲醛试剂二（显色剂）。

7.2.4　实验步骤

1）先将纯净水倒入甲醛试剂一吸收瓶，倒满即可，盖上盖子，摇匀 3～5 s

倒入"气泡吸收瓶"。

2）连接到仪器：将气泡吸收瓶插入机器顶部的吸收瓶插孔，与仪器的橡胶管连接（甲醛接口），连接方法如图 7-1 所示。

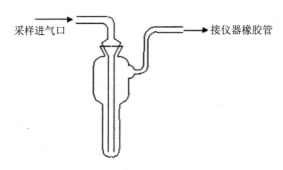

采样进气口　　接仪器橡胶管

图 7-1　气泡吸收瓶连接示意图

将仪器放置到在呼吸带高度（0.8～1.5 m），用三脚架或高度合适的桌面（以室内空气检测为例）。

3）接好仪器电源，按"一般定时操作"的方法进行定时操作，设定采样时间，建议采样时间 10 min（流量 1 L/min，共采样 10 L，在采样体积不变的情况下可自行调节时间和流量）。

4）按"启动/停止"键，工作指示灯亮，调节流量为设定值（用流量计下方的调节旋钮进行调节），仪器自动计时，时满自动停止，工作指示灯灭。

5）采样完毕后，将气泡吸收瓶内的液体转移到甲醛试剂二显色剂瓶中，摇匀用手握住 5 min，直接插入"分光数据传输口"，测定即可。

7.2.5　实验数据

室内空气甲醛测定原始数据记录见表 7-1。

表 7-1　室内空气甲醛测定原始数据记录

采样地点	采样时间	采样点	甲醛含量/（mg/m³）

7.2.6　**思考题**

1）用空气采样器收集时，为什么要加入吸收剂？分析其原因。

2）为什么测定时的水必须是纯净水或者是蒸馏水？

7.2.7　**注意事项**

1）测定时使用的水必须为纯净水或者蒸馏水。

2）气泡吸收瓶切勿接入进气孔，否则会产生倒吸，损坏仪器（如误操作产生倒吸，只需空开启机器 1 h，风干吸入的液体后，仪器就可恢复正常）。

3）所有玻璃器具在使用前与使用后，需用纯净水、蒸馏水清洗干净。

4）每次检测结束后应及时倒掉气泡吸收瓶中有色溶液，再用纯净水、蒸馏水清洗干净，以防玷污和腐蚀比色瓶和气泡吸收瓶。

7.3　室内空气中苯系物的测定

7.3.1　**实验目的**

了解室内空气质量检测方法和原理，学会室内空气中苯系物的测定与评价，提高环保意识。

7.3.2　**实验原理**

室内空气样品中的苯、甲苯、二甲苯等有害气体被吸收后与显色剂反应生成的有色化合物可以对可见光有选择性地吸收，从而可以通过分光光度法对室内空气样品进行测定。

7.3.3　**仪器与试剂**

1）仪器：JC-5 室内空气质量检测仪。

2）试剂：苯、甲苯、二甲苯检测管。

7.3.4　**实验步骤**

1）用砂片稍用力将检测管两端各划一圈割印。

2）用硅胶管套套住检测管上的箭头所指一端，沿切割印掰断，用同样方法掰断另一端。

3）将苯、甲苯、二甲苯检测管刻度数值大的一端（箭头指的方向，防止漏气）连接到检测仪器相对应的气孔上（稍用力插紧）。注意方向性，箭头方向代表气体流过方向。

4）调节所需检测气体对应的时间控制器，使其符合技术指标。打开所要检测项的开关，对应指示灯亮，所对应的检测项即开始检测。

5）用检测仪器采气样 10 min，检测管内试剂刻度产生色环。

6）检测结束，切断电源，一手轻按气体通道口上的蓝色套圈，另一手拔出检测管。

7）按变色环上端所示刻度，读出所测数据。

7.3.5 实验数据

实验数据记录见表 7-2。

表 7-2 实验数据记录

采样地点	采样时间	采样点	苯含量/(mg/m³)	甲苯含量/(mg/m³)	二甲苯含量/(mg/m³)

7.3.6 思考题

检测管的检测原理是什么？

7.3.7 注意事项

1）测定时注意检测管方向性，箭头方向代表气体流过方向。

2）由于检测限的限制，若挥发性有机物含量较低，则不能用检测管测出其含量。

7.4 室内空气中挥发性有机物的测定

7.4.1 实验目的

了解室内空气质量检测方法和原理，学会室内空气中挥发性有机物的测定与评价，提高环保意识。

7.4.2 实验原理

室内空气样品中的挥发性有机物等有害气体被吸收后与显色剂反应生成的有色化合物可以对可见光有选择性地吸收，从而可以通过分光光度法对室内空气样品进行测定。

7.4.3 仪器与试剂

1）仪器：JC-5 室内空气质量检测仪。

2）试剂：TVOC、氨检测管。

7.4.4 实验步骤

1）用砂片稍用力将检测管两端各划一圈割印。

2）用硅胶管套套住检测管上的箭头所指一端，沿切割印掰断，用同样方法掰断另一端。

3）将苯、甲苯、二甲苯检测管刻度数值大的一端（箭头指的方向，防止漏气）连接到检测仪器相对应的气孔上（稍用力插紧）。注意方向性，箭头方向代表气体流过方向。

4）调节所需检测气体对应的时间控制器，使其符合技术指标。打开所要检测项的开关，对应指示灯亮，所对应的检测项即开始检测。

5）用检测仪器采气样 10 min，检测管内试剂刻度产生色环。

6）检测结束，切断电源，一手轻按气体通道口上的蓝色套圈，另一手拔出检测管。

7）按变色环上端所示刻度，读出所测数据。

7.4.5　实验数据

实验数据记录见表 7-3。

表 7-3　实验数据记录

采样地点	采样时间	采样点	TVOC 含量/ (mg/m^3)	氨含量/ (mg/m^3)

7.4.6　思考题

检测管的检测原理是什么？

7.4.7　注意事项

1）测定时注意检测管方向性，箭头方向代表气体流过方向。

2）由于检测限的限制，若挥发性有机物含量较低，则不能用检测管测出其含量。

第 8 章　环境监测的质量保证

8.1　环境监测质量保证体系

8.1.1　实验室内质量控制

环境监测质量控制的定义。环境监测质量控制（QC）是指为达到监测计划所规定的检测质量而对监测过程采用的控制方法。环境监测质量控制是环境监测质量保证的重要组成部分，它包含了对采样、分析和数据处理等过程中，为消除影响质量的诸因素而制订的控制程序，并以规定、制度等文件形式固定下来。可分为实验室内质量控制和实验室间质量控制。其中实验室内质量控制是保证实验室提供可靠分析结果的关键，也是保证实验室间质量控制顺利进行的基础。

8.1.1.1　常规监测质量控制方法

（1）对照实验

对照实验是指通过对标准物质的分析或与用标准方法来分析相对照。同样的分析方法有时可能因实验室、分析人员的不同而使结果有所差异，这实际也是一种对照实验。

（2）空白实验

空白实验是指用纯水或其他介质代替试样的测定。其所加试剂和操作步骤与样品测定完全相同。空白实验应与试样测定同时进行。空白实验所得的响应值称为空白实验值。当空白实验值偏高时，应全面检查空白实验用水、试剂的空白、量器和容器是否玷污、仪器的性能以及环境状况等。

空白值的测定方法是：每批做平行双样测定，分别在一段时间内（隔天）重复测定一批，共测定 5～6 批。按下式计算空白平均值。

$$\bar{b} = \frac{\sum x_b}{mn} \tag{8-1}$$

式中：$\bar{b}$ ——空白平均值；

　　　x_b ——空白测定值；

　　　m ——批数；

　　　n ——平行份数。

按下式计算批内标准偏差：

$$s_{wb} = \sqrt{\frac{\sum\limits_{i=1}^{m}\sum\limits_{j=1}^{n} x^2_{ij} - \dfrac{1}{n}\sum\limits_{i=1}^{m}\left(\sum\limits_{j=1}^{n} x^2_{ij}\right)}{m(n-1)}} \tag{8-2}$$

式中：s_{wb} ——空白批内标准偏差；

　　　x_{ij} ——空白测定值；

　　　i ——代表批次；

　　　j ——代表同一批内各个测量值。

（3）加标回收率

加标回收试验即向一未知样品中加入已知量的标准待测物质，同时测定该样品及加标样品中待测物质的含量，然后由下式计算回收率：

回收率=（加标样品测定值-样品测定值）/加标量×100%　　（8-3）

回收率越接近 100%，说明方法越准确。加标量应与样品中待测物质的浓度水平相等或接近，一般为样品含量的 0.5～2 倍。污水样品中污染物浓度波动性大，加标量难以控制，即使用纯水配制的质控样很准确，实际上也很难达到质控要求。如果只强调加标回收，不仅不实用，还会增加监测人员的负担。

8.1.1.2　质量控制图

质量控制图可用于环境监测中日常监测数据的有效性检验。编制质量控制图的基本假设是：测定结果在受控条件下具有一定的精密度和准确度，并按正态分布。若以一个控制样品，用一种方法，由一个分析人员在一定时间内进行分析，累积一定数据。如这些数据达到规定的精密度和准确度（即处于控制状态），以其结果分析次序编制控制图。在以后的日常分析过程中，取每份（或多次）平行的控制样品随机地编入环境样品中一起分析，根据控制样品的分析结果，推断环境样品的分析质量。

　　质量控制图通常由一条中心线和上、下控制限，上、下警告限及上、下辅助线组成。横坐标为样品序号（或日期），纵坐标为统计值。质量控制图的基本组成见图 8-1。预期值即图中的中心线；目标值即图中上、下警告限之间的区域；实测值的可接受范围为图中上、下控制限之间的区域。

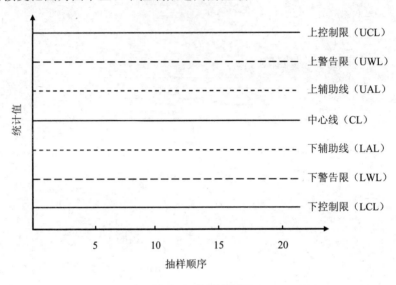

图 8-1　质量控制图

（1）质量控制图的绘制

　　质量控制样品的浓度和组成尽量与环境样品相似。用同一方法在一定时间内重复测定，至少累计 20 个数据，每一组数据不应在同一天内测得。

　　按下式计算总均值（$\bar{x}$）、标准偏差（s）、平均极差（$\bar{R}$）等。

$$\bar{x} = \frac{x_t + x_t'}{2} \qquad \bar{\bar{x}} = \frac{\sum \bar{x}_i}{n} \qquad R_i = \left| x_A - x_B \right|$$

$$s = \sqrt{\frac{\sum \bar{x}_i^2 - \dfrac{\left(\sum \bar{x}_i\right)^2}{n}}{n-1}}$$

$$\bar{R} = \frac{\sum\limits_{i=1}^{n} R_i}{n}$$

根据不同种类的质量控制图计算所需要的统计值，如 $\bar{x} \pm 3s, \bar{x} \pm A_2\bar{R}$ 等。以测定顺序为横坐标，相应的测定值为纵坐标作图。同时作有关控制限。

如均数—极差控制图（$\bar{x} - R$ 图）。

①均数控制图部分中心线——$\bar{x}$；上、下控制限——$\bar{x} \pm A_2\bar{R}$；上、下警告限——$\bar{x} \pm \dfrac{2}{3}A_2\bar{R}$；上、下辅助线——$\bar{x} \pm \dfrac{1}{3}A_2\bar{R}$。

②极差控制图部分中心线——$\bar{R}$；上控制限——$D_4\bar{R}$；上警告限——$\bar{R} + \dfrac{2}{3}\left(D_4\bar{R} - \bar{R}\right)$；上辅助线——$\bar{R} + \dfrac{1}{3}\left(D_4\bar{R} - \bar{R}\right)$；下控制限——$D_3\bar{R}$。

系数 $A_2 D_3 D_4$ 可从表 8-1 中查出。

表 8-1　控制图系数（每次测 n 个平行样）

系数	2	3	4	5	6	7	8
A_2	1.88	1.02	0.73	0.58	0.48	0.42	0.37
D_3	0	0	0	0	0	0.076	0.136
D_4	3.27	2.58	2.28	2.12	2.00	1.92	1.86

因为极差愈小愈好，故极差控制部分没有下警告限，但仍有下控制限。在使用过程中，如 R 值稳定下降，以致 $R \approx D_3\bar{R}$（即接近下控制限），则表明测定精密度已有提高原质量控制图失效，应根据新的测定值重新计算 $\bar{x}$，$\bar{R}$ 和各相应统计量，改绘新的 $\bar{x} - R$ 图。

（2）质量控制图的使用

根据日常工作中该项目的分析频率和分析人员的技术水平，每间隔适当时间，取两份平行的控制样品，与环境样品同时测定，对操作技术较差的人员和测定频率低的项目，每次都应同时测定控制样品，将控制样品测定的结果依次点在图上，根据下列规定检验分析过程是否处于失控状态。

1）如果此点位于中心线附近，上、下警告限间的区域内，则测定过程处于控制状态，环境样品分析结果有效。

2）如果此点落在上、下警告限和上、下控制限之内的区域内，提示分析质量开始变劣，应进行初步检查，并采取相应的校正措施。

3）若此点落在上、下控制限之外，则表示测定过程失控，应立即检查原因，予以纠正。环境样品应重新测定。

4）如相邻 7 点连续上升或下降时，表示测定有失控倾向，应立即检查原因，予以纠正。

$\bar{x} - R$ 图使用原则也一样，只是两者中任一个超出控制限（不包括 R 图部分的下控制限），即认为失控。故其灵敏度较单纯的 $\bar{x}$ 图或 R 图高。

8.1.2　实验室间质量控制

实验室间质量控制是在实验室内质量控制基础上对某些实验室的分析质量进行评价的工作。常用的方法有分析测量系统的现场评价和分析标准样品对实验室间的评价。一般由上一级监测站或权威部门发放标准物质与实验室内的标准溶液进行比对，或发放未知标准样进行考核、检验和纠正各实验室间的系统误差。

实验室间标准溶液的比对：

1）国家一、二级站要配备本实验室的标准参考溶液（可购买国家标准物质或自制），并与上一级站的标准参考物进行比对和量值追踪。比对定值的标准参考溶液发放给下一级站使用。

2）实验室标准溶液与标准参考溶液的比对实验。将上一级站发放的标准参考溶液（A）与实验室的等配制浓度的标准溶液（B），同时各取 n 份样品测定，按下式计算，并对测定值做 t 检验。

标准参考溶液测定值 A_1、A_2、A_3、$\cdots$、A_n，取平均值 $\bar{A}$，标准差 S_A；实验室标准溶液测定值 B_1、B_2、B_3、$\cdots$、B_n，取平均值 $\bar{B}$，标准差 S_B；计算统计量：

$$t = -\frac{\left|\bar{A} - \bar{B}\right|}{S_{A-B}\sqrt{\dfrac{n}{2}}} \tag{8-4}$$

其中

$$S_{A-B} = \sqrt{\frac{(n-1)\left(S_A^2 + S_B^2\right)}{2n-2}} \tag{8-5}$$

当 $t \leqslant t_{0.05(n-1)}$ 时的临界值，二者无明显差异。

当 $t \geqslant t_{0.05(n-1)}$ 时的临界值，则实验室标准溶液存在系统误差。

8.1.3 实验室质量考核

8.1.3.1 考核办法和内容

分析标准样品或统一样品。

测定加标样品。

测定空白平行。

核查检测下限。

测定标准系列，检查相关系数和计算回归方程，进行截距检验等。

8.1.3.2 实验室误差测试

由测量过程中某些恒定因素造成的误差称为系统误差，在实验室通常起支配作用，为检查实验室间是否存在系统误差，它的大小和方向以及对分析结果的可比性是否有显著影响，可不定期地对有关实验室进行误差测试。

（1）双样法（Youden 法）

测试方法：将两个浓度不同但较接近（分别为 x_i、y_i，两者相差约 ±5%）的样品同时分发给各实验室，对其作单次测定。在规定日期内上报结果 x_i、y_i。

（2）双样图系统误差检查法

将各实验室上报的两个浓度样的测定结果 x_i、y_i 计算出其平均值 $\bar{x}$ 和 $\bar{y}$，在方格纸上画出 x_i、$\bar{x}$ 值的垂线和 y_i、$\bar{y}$ 值的水平线。将各实验室测定结果（x，y）点在图中。根据点在双样图 8-2 中 4 个象限双样图（a）中的图形，则不存在系统误差。如像图（b）中的椭圆形分布，则存在系统误差。根据此椭圆形的长轴与短轴之差及其位置，可估计实验空间系统误差的大小和方向。根据各点的分散程度估计各实验室间的精密度和准确度。

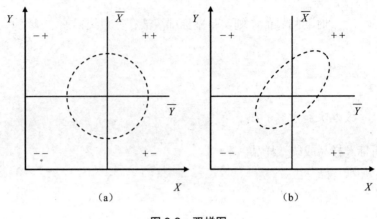

图 8-2   双样图

8.2   环境监测数据的处理要求

8.2.1   基础知识

8.2.1.1   监测数据的五性

（1）代表性（representation）

代表性是指在采样点、生产过程中或环境条件中某些参数变化时，所采集的样品能真实反映实际情况的程度，指在具有代表性的时间、地点，并根据确定的目的获得典型的环境数据的特性。

（2）准确性（accuracy）

准确性是指测定值与客观环境的真值的符合程度。它是反映分析方法或测量系统存在的系统误差和随机误差两者的综合指标。准确度用绝对误差和相对误差表示。

（3）完整性（completeness）

完整性是指监测得到的有效数据的量与在正常条件下所期望得到的数据的比较。它强调的是完成整个的工作计划，保证按预期计划取得在时间、空间上有系统性、周期性和连续性的有效样品，且完整地获得这些样品的监测结果及有关信息。

（4）可比性（compatibility）

可比性是指在一定置信度的情况下，一组数据与另一组数据可比较的特性，主要是比较数据的等效性。对数据出现的重复性趋势或明显的问题，应加以分析确认，并且要评价它们对整个监测数据的影响。它要求各实验室之间对同一样品的监测结果应相互可比，也要求每个实验室对同一样品的监测结果应达到相关项目之间的数据可比，相同项目在没有特殊情况时，历年同期数据也是可比的。在此基础上，还应通过标准物质和标准方法的准确度量值传递与追溯系统，以实现国际间、行业间、实验室间的数据一致、可比。

（5）精密性（precision）

精密性是指测定结果达到要求的平行性、重复性和再现性等特性。它反映分析方法或测量系统所存在的随机误差的大小。标准偏差、相对标准偏差等可用来表示精密度。

其中精密性包括平行性、重复性和再现性。

• 平行性（replicability）：是指在同一实验室中，当分析人员、分析设备和分析时间都相同时，用同一种分析方法对同一样品进行双份或多份平行样测定结果之间的符合程度。

• 重复性（repeatability）：是指在同一实验室中，当分析人员、分析设备和分析时间三因素中至少有一项不同时，用同一种分析方法对同一样品进行两次或两次以上测定结果之间的符合程度。

• 再现性（reproducibility）：是指在同一实验室（分析人员、分析设备甚至分析时间都不相同），用同一种分析方法对同一样品进行多次测量结果之间的符合程度。

8.2.1.2　检出限（detection limit，DL）

检出限指某一分析方法在给定的可靠程度内可以从样品中监测待测物质的最小浓度或最小量。国际纯粹与应用化学联合会（IUPAC）规定，检出限为信号为空白测量值（至少 20 次）的标准偏差的 3 倍所对应的浓度（或质量），即置信度为 99.7%时被检出的待测物的最小浓度或最小量。分析方法不同，检出限的规定有所区别。

8.2.1.3 灵敏度

灵敏度是指待测物浓度或质量改变一个单位时所引起的测量信号的变化量，常用标准曲线的斜率来度量灵敏度。灵敏度因试验条件而改变。不同方法灵敏度的表示各异，如在 AAS 中，常用"特征浓度"或"特征量"表示；而在 SP 中常用摩尔吸光系数 ε 表示；在 GC 中，灵敏度是指通过检测器物质的量变化时，该物质响应值的变化率。

8.2.2 监测数据的统计处理

8.2.2.1 数据修约规则

（1）有效数字

有效数字是指在监测分析工作中实际能测量到的数字。一个有效数字由其前面所有的准确数字及最后一位的可疑数字构成，每一位数字为有效数字。如用分析天平称量药品时，天平的最小刻度是 0.000 1 g，如称量的药品质量为 1.564 3，前 4 位 1.564 位读取的是准确数字，第 5 位"3"是估计出来的，叫可疑数字，但这 5 位都是有效数字。

数字"0"的含义与在有效数字中的位置有关。当它表示与准确度相关的数字时，"0"是有效数字。当它只用于指示小数点位置时，不是有效数字。

1）第 1 个非零数字前的"0"不是有效数字，如 0.002 5，仅有 2 位有效数字。

2）非零数字中的"0"是有效数字，如 1.002 5，有 5 位有效数字。

3）小数最后一个非零数字后的"0"是有效数字，如 1.250 0，是 4 位有效数字。

4）以零结尾的整数，有效数字的位数难以判断。如 12 500，可能是 3 位、4 位、5 位有效数字。若写成 1.25×10^4，则为 3 位有效数字。

（2）数字修约规则

在数据运算过程中，遇到测量值的有效数字位数不相同时，必须舍弃一些多余的数字，以便于运算，这种舍弃多余数字的过程称为"数字修约过程"。有效数字修约应遵守《数字修约规则》（GB 8170—87）的有关规定，可总结为：

四舍六入五考虑，五后非零则进一，五后皆零视奇偶，五前为偶应舍去，五前为奇则进一。可以方便地记为"四舍六入五成双"。这时修约完成后，最后一位数字应成双（偶）数。

表 8-2 是要求修约到只保留一位小数的例子。需注意的是，若拟舍弃的数字为两位以上数字，应按规则修约一次，不得连续多次修约。如将 15.454 6 修约到 4 位有效数字时，应该一次修约为 15.45，不能先修约为 15.455，再修约成 15.46。

表 8-2 有效数字修约规则举例

修约前	修约后	规则
14.342 6	14.3	四舍
14.263 1	14.3	六入
14.250 1	14.3	五考虑，五后非零则进一
14.250 0	14.2	五考虑，五后皆零视奇偶，五前为偶应舍去
14.150 0	14.2	五考虑，五后皆零视奇偶，五前为奇则进一
14.050 0	14.0	五考虑，五后皆零视奇偶，五前为偶应舍去（0 视为偶数）

（3）有效数字运算规则

有效数字的运算结果所保留的位数应遵循以下规则：

• 加减法运算规则

加减法中，误差按绝对误差的方式传递，运算结果的误差应与各数中绝对误差最大者相对应。故几个数据相加减后的结果，其小数点后的位数应与各数据中小数点后位数最少的相同。运算时，可先取各数据比小数点后位数最少的多一位小数，进行加减，然后按规则修约。如：1.234 5、2.35、0.258 4 三个数据相加，其中小数点后位数最少的为 2.35。则先将 1.234 5 修约为 1.234，0.258 4 修约为 0.258，然后相加，即：1.234+2.35+0.258=3.842=3.84。

• 乘除法

在乘除法中，有效数字的位数应与个数中相对误差最大的数相对应，即根据有效数字位数最少的数来进行修约，与小数点的位置无关。在运算时先多保留一位，最后修约。如：1.234 5、2.35、0.258 4 3 个数据相乘，1.234 5×2.35×0.258 4= 1.234×2.35×0.258=0.748 174 2=0.75，当数据的第一位有效数字是 8 或 9 时，在乘除运算中，该数据的有效数字的位数可多算一位。如 8.35 应看做 4 位有效数字。

• 乘方和开方

一个数据乘方和开方的结果，其有效数字的位数与原数据的有效数字位数相同。如：$5.35^2=28.622\ 5$，应修约为 28.6。

- 对数

对数值，如 pH、lg$c$ 等，其有效数字位数仅取决于小数部分（尾数）数字的位数，因整数部分只代表该数的方次。如 pH=5.42，换算为[H$^+$]浓度时，$c_{(H^+)}=3.8\times10^{-6}$（mol/L），为 2 位有效数字，而不是 3 位。

- 计算式中的系数，常数（π、e 等），倍数或分数和自然数

可视为无限多位有效数字，其位数多少视情况而定，因为这些数据不是测量所得到的。

另外，求 4 个或 4 个以上测量数据的平均值时，其结果的有效数字的位数增加一位；误差和偏差的有效数字通常只取一位，测定次数很多时，方可取两位，并且最多只取两位，但运算过程中先不修约，最后修约到要求的位数。

8.2.2.2 可疑数据的取舍

（1）狄克逊（Dixon）检验法

- 适用于一组测量值的一致性检验和剔除离群值。
- 将一组测量数据从小到大顺序排列为 x_1，x_2，$\cdots$，x_n，x_1 和 x_n 分别为最小可疑值和最大可疑值。
- 按表 8-3 计算式求 Q 值。
- 根据给定的显著性水平（α）和样本容量（n），从临界值表中查得临界值。
- 若 $Q \leqslant Q_{0.05}$，则可疑值为正常值；

  若 $Q_{0.05} < Q \leqslant Q_{0.01}$，则可疑值为偏离值；

  若 $Q > Q_{0.01}$，则可疑值为离群值。

表 8-3　狄克逊检验统计量 Q 计算公式

n 值范围	可疑数据为最小值 x_1 时	可疑数据为最大值 x_n 时	n 值范围	可疑数据为最小值 x_1 时	可疑数据为最大值 x_n 时
3～7	$Q=\dfrac{x_2-x_1}{x_n-x_1}$	$Q=\dfrac{x_n-x_{n-1}}{x_n-x_1}$	11～13	$Q=\dfrac{x_3-x_1}{x_{n-1}-x_1}$	$Q=\dfrac{x_n-x_{n-2}}{x_n-x_2}$
8～10	$Q=\dfrac{x_2-x_1}{x_{n-1}-x_1}$	$Q=\dfrac{x_n-x_{n-1}}{x_n-x_2}$	14～25	$Q=\dfrac{x_3-x_1}{x_{n-2}-x_1}$	$Q=\dfrac{x_n-x_{n-2}}{x_n-x_3}$

表 8-4 狄克逊检验的临界值 $D(\alpha, n)$

n	统计量γ_{ij} 或γ'_{ij}	$\alpha = 0.05$	$\alpha = 0.01$
3		0.970	0.994
4		0.829	0.926
5	γ_{10} 和γ'_{10} 中较大者	0.710	0.821
6		0.628	0.740
7		0.569	0.680
8		0.608	0.717
9	γ_{11} 和γ'_{11} 中较大者	0.564	0.672
10		0.530	0.35
11		0.619	0.709
12	γ_{21} 和γ'_{21} 中较大者	0.583	0.660
13		0.557	0.638
14		0.586	0.670
15		0.565	0.647
16		0.546	0.627
17		0.529	0.610
18		0.514	0.594
19		0.501	0.580
20		0.489	0.567
21		0.478	0.555
22	γ_{22} 和γ'_{22} 中较大者	0.468	0.544
23		0.459	0.535
24		0.451	0.526
25		0.443	0.517
26		0.436	0.510
27		0.429	0.502
28		0.423	0.495
29		0.417	0.489
30		0.412	0.483

【例题】一组测量值从小到大顺序排列为：14.65、14.90、14.90、14.92、14.95、14.96、15.00、15.01、15.01、15.02，检验最小值 14.65 和最大值 15.02 是否为离群值。

解：检验最小值 $x_1 = 14.65$，$n = 10$，$x_2 = 14.90$，$x_{n-1} = 15.01$

$$Q = \frac{x_2 - x_1}{x_{n-1} - x_1} = 0.69$$

查临界值表知，当 $n=10$，给定显著性水平 $\alpha=0.01$ 时，$Q_{0.01}=0.597$

$Q>Q_{0.01}$，故最小值 14.65 为离群值，应予以剔除。

检验最大值 $x_n=15.02$

$$Q=\frac{x_n-x_{n-1}}{x_n-x_2}=0.083$$

查临界值表知，当 $n=10$，给定显著性水平 $\alpha=0.05$ 时，$Q_{0.05}=0.477$

$Q\leqslant Q_{0.05}$，故最大值 15.02 为正常值。

（2）格鲁勃斯（Grubbs）检验法

· 是用于检验多组测量值的一致性和剔除多组测量值中离群均值。

· 有 l 组测定值，每组 n 个测定值的均值分别为 x_1'，x_2'，$\cdots$，x_i'，$\cdots$，x_l'，其中最大均值记为 x'_{max}，最小均值记为 x'_{min}。

· 由 l 个均值计算总均值 x'' 和标准偏差 $s_{x'}$

$$x''=\frac{1}{l}\sum_{i=1}^{l}x_i' \qquad s_{x'}=\sqrt{\frac{1}{l-1}\sum_{i=1}^{l}(x_i'-x'')^2}$$

· 可疑均值为最大值（x'_{max}）时，按下式计算统计量（T）

$$T=\frac{x''-x'_{min}}{s_{x'}}$$

· 根据测定值组数和给定的显著性水平从表中查得临界值。

· 若 $T\leqslant T_{0.05}$，则可疑均值为正常均值；

若 $T_{0.05}<T\leqslant T_{0.01}$，则可疑均值为偏离均值；

若 $T>T_{0.01}$，则可疑均值为离群均值。

表 8-5　格鲁勃斯检验临界值

P n	0.95	0.99	P n	0.95	0.99
3	1.153	1.155	17	2.475	2.785
4	1.463	1.492	18	2.504	2.821
5	1.672	1.749	19	2.532	2.854
6	1.822	1.944	20	2.557	2.884
7	1.938	2.097	21	2.580	2.912
8	2.032	2.231	22	2.603	2.939
9	2.110	2.323	23	2.624	2.963

$\diagdown\!\!\!\!\!\!\!^{P}_{n}$	0.95	0.99	$\diagdown\!\!\!\!\!\!\!^{P}_{n}$	0.95	0.99
10	2.176	2.410	24	2.644	2.987
11	2.234	2.485	25	2.663	3.009
12	2.285	2.550	30	2.745	3.103
13	2.331	2.607	35	2.811	3.178
14	2.371	2.659	40	2.866	3.240
15	2.409	2.705	45	2.914	3.292
16	2.443	2.747	50	2.956	3.336

8.2.2.3　t 检验及其应用

t 检验，亦称学生检验（Student's test），主要用于样本含量较小（例如 $n<30$），总体标准差 σ 未知的正态分布资料。

当总体呈正态分布，如果总体标准差未知，而且样本容量 $n<30$，那么这时一切可能的样本平均数与总体平均数的离差统计量呈 t 分布。

t 检验是用 t 分布理论来推论差异发生的概率，从而比较两个平均数的差异是否显著。t 检验分为单总体 t 检验和双总体 t 检验。

（1）单总体 t 检验

单总体 t 检验是检验一个样本平均数与一已知的总体平均数的差异是否显著。当总体分布是正态分布，如总体标准差 σ 未知且样本容量 $n<30$，那么样本平均数与总体平均数的离差统计量呈 t 分布。检验统计量为：

$$t = \frac{\overline{X} - \mu}{\dfrac{\sigma_X}{\sqrt{n-1}}}$$

如果样本是属于大样本（$n>30$）也可写成：

$$t = \frac{\overline{X} - \mu}{\dfrac{\sigma_X}{\sqrt{n}}}$$

式中：t —— 样本平均数与总体平均数的离差统计量；

$\overline{X}$ —— 样本平均数；

μ —— 总体平均数；

σ_X —— 样本标准差；

n —— 样本容量。

（2）双总体 t 检验

双总体 t 检验是检验两个样本平均数与其各自所代表的总体的差异是否显著。双总体 t 检验又分为两种情况，一是相关样本平均数差异的显著性检验，用于检验匹配而成的两组被试获得的数据或同组被试在不同条件下所获得的数据的差异性，这两种情况组成的样本即为相关样本。二是独立样本平均数的显著性检验。各实验处理组之间毫无相关存在，即为独立样本。该检验用于检验两组非相关样本被试所获得的数据的差异性。

现以相关检验为例，说明检验方法。因为独立样本平均数差异的显著性检验完全类似，只不过 $r=0$。

相关样本的 t 检验公式为：

$$t = \frac{\overline{X_1} - \overline{X_2}}{\sqrt{\dfrac{\sigma_{X_1}^2 + \sigma_{X_2}^2 - 2\gamma\sigma_{X_1}\sigma_{X_2}}{n-1}}}$$

式中：$\overline{X_1}$，$\overline{X_2}$ —— 两样本平均数；

$\sigma_{X_1}^2$，$\sigma_{X_2}^2$ —— 两样本方差；

γ —— 相关样本的相关系数。

表 8-6　t 分布临界值

单侧	$\alpha=0.10$	0.05	0.025	0.01	0.005
双侧	$\alpha=0.20$	0.10	0.05	0.02	0.01
$V=1$	3.078	6.314	12.706	31.821	63.657
2	1.886	2.920	4.303	6.965	9.925
3	1.638	2.353	3.182	4.541	5.841
4	1.533	2.132	2.776	3.747	4.604
5	1.476	2.015	2.571	3.365	4.032
6	1.440	1.943	2.447	3.143	3.707
7	1.415	1.895	2.365	2.998	3.499
8	1.397	1.860	2.306	2.896	2.355
9	1.383	1.833	2.262	2.821	3.250
10	1.372	1.812	2.228	2.764	3.169

单侧	α =0.10	0.05	0.025	0.01	0.005
双侧	α =0.20	0.10	0.05	0.02	0.01
11	1.363	1.796	2.201	2.718	3.106
12	1.356	1.782	2.179	2.681	3.055
13	1.350	1.771	2.160	2.650	3.012
14	1.345	1.761	2.145	2.624	2.977
15	1.341	1.753	2.131	2.602	2.947
16	1.337	1.746	2.120	2.583	2.921
17	1.333	1.740	2.110	2.567	2.898
18	1.330	1.734	2.101	2.552	2.878
19	1.328	1.729	2.093	2.539	2.861
20	1.325	1.725	2.086	2.528	2.845
21	1.323	1.721	2.080	2.518	2.831
22	1.321	1.717	2.074	2.508	2.819
23	1.319	1.714	2.069	2.500	2.807
24	1.318	1.711	2.064	2.492	2.797
25	1.316	1.708	2.060	2.485	2.787
26	1.315	1.706	2.056	2.479	2.779
27	1.314	1.703	2.052	2.473	2.771
28	1.313	1.701	2.048	2.467	2.763
29	1.311	1.699	2.045	2.462	2.756
30	1.310	1.697	2.042	2.457	2.750
40	1.303	1.684	2.021	2.423	2.704
50	1.299	1.676	2.009	2.403	2.678
60	1.296	1.671	2.000	2.390	2.660
70	1.294	1.667	1.994	2.381	2.648
80	1.292	1.664	1.990	2.374	2.639
90	1.291	1.662	1.987	2.368	2.632
100	1.290	1.660	1.984	2.364	2.626
125	1.288	1.657	1.979	2.357	2.616
150	1.287	1.655	1.976	2.351	2.609
200	1.286	1.653	1.972	2.345	2.601
∞	1.282	1.645	1.960	2.326	2.576

（3）直线相关和回归

直线相关是分析两个不分主次的变量间的线性相关关系，适用于双变量正态分布的资料。

相关并不表示一个变量的改变是另一个变量变化的原因，也有可能同时受另一个因素的影响。相关分析的任务是对相关关系给出定量的描述。

8.2.3 监测数据的成果表述和解释

8.2.3.1 监测数据的成果表述

（1）正态分布

正态分布（Normal distribution）又名高斯分布（Gaussian distribution），是一个在数学、物理及工程等领域都非常重要的概率分布，在统计学的许多方面有着重大的影响力。若随机变量 X 服从一个数学期望为 μ、方差为 σ^2 的高斯分布，记为 $N(\mu, \sigma^2)$。其概率密度函数为正态分布的期望值 μ 决定了其位置，其标准差 σ 决定了分布的幅度。因其曲线呈钟形，因此人们又经常称之为钟形曲线。我们通常所说的标准正态分布是 $\mu = 0$，$\sigma = 1$ 的正态分布。

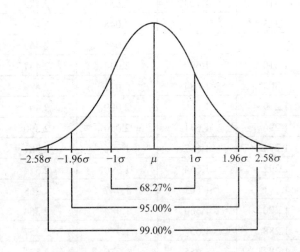

图 8-3　正态分布

（2）数据与误差

1）平均数

平均数代表一组变量的平均水平或集中趋势，样本观测中大多数测量值靠近平均数。平均数包括算术均数、几何均数、中位数、众数等。

- 算术均数：样本均数 $x' = \dfrac{\sum x_i}{n}$

- 总体均数 $\mu = \dfrac{\sum x_i}{n}$　　$n \to \infty$

- 几何均数：当变量呈等比关系，常需用几何均数。

$$x_g' = (x_1, x_2, \cdots, x_n)^{1/n}$$

- 中位数：将各数据按大小顺序排列，位于中间的数据。若为偶数取中间两数的平均值。

- 众数：一组数据中出现次数最多的一个数据。

2）误差和偏差

测量值和真值的不一致性用数值表示即为误差。误差可分为系统误差、随机误差、过失误差。单个测量值与多次测量均值之差叫偏差，它分为标准偏差和相对标准偏差等。

- 系统误差（可测误差、恒定误差、偏倚）：指测量值的总体均值与真值之间的差别，是由测量过程中某些恒定因素造成的，在一定条件下具有重现性，并不因增加测量次数而减少系统误差，方法、仪器、试剂、恒定的操作人员或恒定的环境等均能造成。

- 随机误差（偶然误差、不可测误差）：是由测量过程中各种随机因素的共同作用所造成的，其遵从正态分布规律。

- 过失误差：是由测量过程中犯下不应有的错误所造成，它明显地歪曲了测量结果，因而一经发现必须及时改正。

- 标准偏差（s 或 s_D）：$s = \sqrt{\dfrac{1}{n}\sum\limits_{i=1}^{n}(x_i - x')^2} = \sqrt{\dfrac{1}{n}S}$

- 相对标准偏差（变异系数）：样本标准偏差在样本均值中所占的百分数，

$C_v = \dfrac{s}{x'} \times 100\%$

8.2.3.2 监测数据的成果解释

环境监测数据的成果解释包括 3 方面：概括、分析和解释。

（1）监测数据的概括

任何一份环境质量状况报告都不可能引用全部原始监测数据，只能选取代表性的数据来说明环境质量问题。因此便出现了哪些数据具有"代表性"的问题，为此，必须对大量的原始监测数据进行概括，概括方法主要有：①频数分布概括法：包括百分位数法、条图法和直方图法。②中心趋势概括法：如前述的算术平均值、中位数、众数和几何均数等。③分散度概括法：上述几种概括法不能说明数据的可信度，故还应进行分散度的概括，一般用全距离和标准差。④空间概括法：前述的各种概括法能较好地反映时间变化规律，但还要分析空间变化规律，最常用的方法是绘制等浓度线地图。

（2）检测数据的分析

1）数据集的完整性分析

在环境监测实践中，人们都从实用观点试图解决数据集不完整的问题，并研究了不少统计近似方法。但不管哪种方法，对数据总体分布规律的了解都是不可少的。应该看到，采样频数的减少、取得的数据集总体的变异性增加，计算的统计指标的精度会降低。以空气监测为例，如果每隔一天取 24 h 的样品，则每天采样所得的年平均值的偏差，实际上常小于±2%；如果每第 12 天取 24 h 的样品，则年平均值的偏差是±5%。显然，由于数据集不完整，污染发生的最大值限可能被低估了。

2）频数分布规律的分析

频数分布和累计数分布都能恰当地描述不同地点和不同时间中某种污染物的实际污染情况，再利用整个测量时间的平均浓度可知宏观的完整情况。然而，环境污染的随机性很大，其污染数据大多数呈偏态分布，所以，以对数正态分布近似法为常用的方法。所谓偏态分布，即用浓度频数分布画成的直方图或频数分布曲线是非对称的，为克服这个困难，可通过采用数据的对数来把它转换成正态分布，此时，几何均数及其标准偏差便可完整地说明这种分布规律。

3）数据的时间序列分析

时间序列是指在特定的时间内所测量的一组数据，包括连续测量或计划间隔测量的数据。环境监测数据的时间序列主要有两种：一种是周期性时间序列，另一种是趋势性时间序列。对监测数据进行周期性时间序列的分析比较容易，只需将数据进行时间系列的整理即可。

4）对照环境条件的分析

在对监测数据进行分析时，应将环境污染的监测数据与同步环境条件数据结合起来分析，运用相关和回归分析来确定它们之间的关系。如将气象数据和大气污染数据结合成"大气污染玫瑰图"，将河流通量、纳污量、污染物浓度结合起来的分析等。

5）污染变化趋势的定量分析

衡量环境污染变化趋势在统计上有无显著性，最常用的技术是 Daniel 趋势检验，使用前述的 Spearman 秩相关系数进行判断。

（3）监测数据的解释（数据的意义）

如何从众多原始监测数据中发现问题、掌握环境质量及其变化趋势是监测数据最终成果转变的一个重要阶段。孤立的数据只能说明监测对象目前的环境状况，而环境质量的好坏及其变化趋势却很难看得出来。此外，对大尺度空间范围，单凭少量孤立数据来说明环境问题则几乎不可能。这就需要引入环境监测数据的解释工作。环境监测数据的解释包括三方面：概括、分析和解释。概括是指数据的归纳方式，分析是指将数据计算出所需要的参数为解释数据服务，解释是指数据的意义。环境监测数据解释的基本程序是先将数据进行科学概括，然后按目的进行数据分析，最后对监测数据解释。

8.2.4　环境质量图

环境质量图是用不同的符号、线条或颜色来表示各种环境要素的质量或各种环境单元的综合质量的分布特征和变化规律的图。环境质量图既是环境质量研究的成果，又是环境质量评价结果的表示方法。好的环境质量图不但可以节省大量的文字说明，而且具有直观、可以量度和对比等优点，有助于了解环境质量在空间上分布的原因和在时间上发展的趋向，这对进行环境区划和制订环境保护措施都有一定的意义。

附 录

附录 1 生活饮用水卫生标准（GB 5749—2006）（节选）

表 1 水质常规指标及限值

指　标	限　值
1. 微生物指标①	
总大肠菌群/（MPN/100 mL 或 CFU/100 mL）	不得检出
耐热大肠菌群/（MPN/100 mL 或 CFU/100 mL）	不得检出
大肠埃希氏菌/（MPN/100 mL 或 CFU/100 mL）	不得检出
菌落总数/（CFU/mL）	100
2. 毒理指标	
砷/（mg/L）	0.01
镉/（mg/L）	0.005
铬（六价）/（mg/L）	0.05
铅/（mg/L）	0.01
汞/（mg/L）	0.001
硒/（mg/L）	0.01
氰化物/（mg/L）	0.05
氟化物/（mg/L）	1.0
硝酸盐（以 N 计）/（mg/L）	10 地下水源限制时为 20
三氯甲烷/（mg/L）	0.06
四氯化碳/（mg/L）	0.002
溴酸盐（使用臭氧时）/（mg/L）	0.01
甲醛（使用臭氧时）/（mg/L）	0.9
亚氯酸盐（使用二氧化氯消毒时）/（mg/L）	0.7

指　　标	限　　值
氯酸盐（使用复合二氧化氯消毒时）/（mg/L）	0.7
3. 感官性状和一般化学指标	
色度（铂钴色度单位）	15
浑浊度（NTU-散射浊度单位）	1 水源与净水技术条件限制时为 3
臭和味	无异臭、异味
肉眼可见物	无
pH（量纲一）	不小于 6.5 且不大于 8.5
铝/（mg/L）	0.2
铁/（mg/L）	0.3
锰/（mg/L）	0.1
铜/（mg/L）	1.0
锌/（mg/L）	1.0
氯化物/（mg/L）	250
硫酸盐/（mg/L）	250
溶解性总固体/（mg/L）	1 000
总硬度（以 $CaCO_3$ 计）/（mg/L）	450
耗氧量（COD_{Mn} 法，以 O_2 计）/（mg/L）	3 水源限制，原水耗氧量＞6 mg/L 时为 5
挥发酚类（以苯酚计）/（mg/L）	0.002
阴离子合成洗涤剂/（mg/L）	0.3
4. 放射性指标[②]	指导值
总α放射性/（Bq/L）	0.5
总β放射性/（Bq/L）	1

注：①MPN 表示最可能数；CFU 表示菌落形成单位。当水样检出总大肠菌群时，应进一步检验大肠埃希氏菌或耐热大肠菌群；水样未检出总大肠菌群，不必检验大肠埃希氏菌或耐热大肠菌群。
②放射性指标超过指导值，应进行核素分析和评价，判定能否饮用。

附录 2　地表水环境质量标准（GB 3838—2002）（节选）

表 1　地表水环境质量标准基本项目标准限值　　　　　　　　　单位：mg/L

序号	标准值　项目	分类				
		I 类	II 类	III 类	IV 类	V 类
1	水温/℃	人为造成的环境水温变化应限制在：周平均最大温升≤1　周平均最大温降≤2				
2	pH 值（量纲一）	6~9				
3	溶解氧≥	饱和率90%（或 7.5）	6	5	3	2
4	高锰酸盐指数≤	2	4	6	10	15
5	化学需氧量（COD）≤	15	15	20	30	40
6	五日生化需氧量（BOD_5）≤	3	3	4	6	10
7	氨氮（NH_3-N）≤	0.15	0.5	1.0	1.5	2.0
8	总磷（以 P 计）≤	0.02（湖、库 0.01）	0.1（湖、库 0.025）	0.2（湖、库 0.05）	0.3（湖、库 0.1）	0.4（湖、库 0.2）
9	总氮（湖、库，以 N 计）≤	0.2	0.5	1.0	1.5	2.0
10	铜≤	0.01	1.0	1.0	1.0	1.0
11	锌≤	0.05	1.0	1.0	2.0	2.0
12	氟化物（以 F⁻计）≤	1.0	1.0	1.0	1.5	1.5
13	硒≤	0.01	0.01	0.01	0.02	0.02
14	砷≤	0.05	0.05	0.05	0.1	0.1
15	汞≤	0.000 05	0.000 05	0.000 1	0.001	0.001
16	镉≤	0.001	0.005	0.005	0.005	0.01
17	铬（六价）≤	0.01	0.05	0.05	0.05	0.1
18	铅≤	0.01	0.01	0.05	0.05	0.1
19	氰化物≤	0.005	0.05	0.02	0.2	0.2
20	挥发酚≤	0.002	0.002	0.005	0.01	0.1
21	石油类≤	0.05	0.05	0.05	0.5	1.0
22	阴离子表面活性剂≤	0.2	0.2	0.2	0.3	0.3
23	硫化物≤	0.05	0.1	0.2	0.5	1.0
24	粪大肠菌群/（个/L）≤	200	2 000	10 000	20 000	40 000

附录 3 城镇污水处理厂污染物排放标准（GB 18918—2002）（节选）

表 1 基本控制项目最高允许排放浓度（日均值）　　　　　单位：mg/L

序号	基本控制项目		一级标准		二级标准	三级标准
			A 标准	B 标准		
1	化学需氧量（COD）		50	60	100	120[①]
2	生化需氧量（BOD）		10	20	30	60[①]
3	悬浮物（SS）		10	20	30	50
4	动植物油		1	3	5	20
5	石油类		1	3	5	15
6	阴离子表面活性剂		0.5	1	2	5
7	总氮（以 N 计）		15	20	—	—
8	氨氮（以 N 计）[②]		5（8）	8（15）	25（30）	—
9	总磷（以 P 计）	2005 年 12 月 31 日前建设的	1	1.5	3	5
		2006 年 1 月 1 日起建设的	0.5	1	3	5
10	色度（稀释倍数）		30	30	40	40
11	pH		6～9			
12	粪大肠菌落数/（个/L）		10^3	10^4	10^4	—

注：①下列情况下按去除率指标执行：当进水 COD 大于 350 mg/L 时，去除率应大于 60%；BOD 大于 160 mg/L 时，去除率应大于 50%。②括号外数值为水温 >12℃时的控制指标，括号内数值为水温 ≤12℃时的控制指标。

附录 4　土壤环境质量标准（GB 15618—1995）（节选）

1　土壤环境质量分类和标准分级

1.1　土壤环境质量分类

　　根据土壤应用功能和保护目标，划分为三类：

　　Ⅰ类主要适用于国家规定的自然保护区（原有背景重金属含量高的除外）、集中式生活饮用水水源地、茶园、牧场和其他保护地区的土壤，土壤质量基本上保持自然背景水平。

　　Ⅱ类主要适用于一般农田蔬菜地、茶园、果园、牧场等土壤，土壤质量基本上对植物和环境不造成危害和污染。

　　Ⅲ类主要适用于林地土壤及污染物容量较大的高背景值土壤和矿产附近等地的农田土壤（蔬菜除外）。土壤质量基本上对植物和环境不造成危害和污染。

1.2　标准分级

　　一级标准：为保护区域自然生态，维持自然背景的土壤环境质量的限制值。

　　二级标准：为保障农业生产，维护身体健康的土壤限制值。

　　三级标准：为保障农林业生产和植物正常生长的土壤临界值。

1.3　各类土壤环境质量的级别规定如下：

　　Ⅰ类土壤环境质量执行一级标准。

　　Ⅱ类土壤环境质量执行二级标准。

　　Ⅲ类土壤环境质量执行三级标准。

2　标准值

　　本标准规定的三级标准值，见表 1。

表 1　土壤环境质量标准值　　　　　　　　　　　单位：mg/kg

项目＼土壤 pH 值	级别			
	一级	二级		三级
	自然背景	<6.5	6.5～7.5	>7.5	>6.5
镉 ≤	0.20	0.30	0.30	0.60	1.0
汞 ≤	0.15	0.30	0.50	1.0	1.5

项目 \ 土壤 pH 值	级别			
	一级	二级		三级
	自然背景	<6.5	6.5～7.5	>7.5	>6.5

项目	自然背景	<6.5	6.5～7.5	>7.5	>6.5
砷（水田）≤	15	30	25	20	30
旱地 ≤	15	40	30	25	40
铜（农田等）≤	35	50	100	100	400
果园 ≤	—	150	200	200	400
铅 ≤	35	250	300	350	500
铬（水田）≤	90	250	300	350	400
旱地 ≤	90	150	200	250	300
锌 ≤	100	200	250	300	500
镍 ≤	40	40	50	60	200
六六六 ≤	0.05	0.50			1.0
滴滴涕 ≤	0.05	0.50			1.0

注：①重金属（铬主要是三价）和砷均按元素量计，适用于阳离子交换量>5 cmol（＋）/kg 的土壤，若≤5 cmol
（＋）/kg，其标准值为表内数值的半数。

②六六六为四种异构体总量，滴滴涕为四种衍生物总量。

③水旱轮作地的土壤环境质量标准，砷采用水田值，铬采用旱地值。

表2 土壤环境质量标准选配分析方法

序号	项目	测定方法	检测范围/（mg/kg）	注释	分析方法来源
1	镉	土样经盐酸-硝酸-高氯酸（或盐酸-硝酸-氢氟酸-高氯酸）消解后 （1）萃取—火焰原子吸收法测定 （2）石墨炉原子吸收分光光度法测定	0.025 以上 0.005 以上	土壤总砷	①、②
2	汞	土样经硝酸-硫酸-五氧化二钒或硫、硝酸-高锰酸钾消解后，冷原子吸收法测定	0.004 以上	土壤总汞	①、②
3	砷	（1）土样经硫酸-硝酸-高氯酸消解后，二乙基二硫代氨基甲银分光光度法测定 （2）土样经硝酸-盐酸-高氯酸消解后，硼氢化钾-硝酸银分光光度法测定	0.5 以上 0.1 以上	土壤总砷	①、② ②
4	铜	土样经盐酸-硝酸-高氯酸（或盐酸-硝酸-氢氟酸-高氯酸）消解后，火焰原子吸收分光光度法测定	1.0 以上	土壤总铜	①、②
5	铅	土样经盐酸-硝酸-氢氟酸-高氯酸消解后 （1）萃取-火焰原子吸收法测定 （2）石墨炉原子吸收分光光度法测定	0.4 以上 0.06 以上	土壤总铅	②

序号	项目	测定方法	检测范围/(mg/kg)	注释	分析方法来源
6	铬	土样经盐酸-硝酸-氢氟酸消解后， （1）高锰酸钾氧化，二苯碳酰二肼光度法测定 （2）加氯化铵液，火焰原子吸收分光光度法测定	1.0 以上 2.5 以上	土壤总铬	①
7	锌	土样经盐酸-硝酸-高氯酸（或盐酸-硝酸-氢氟酸-高氯酸）消解后，火焰原子吸收分光光度法测定	0.5 以上	土壤总锌	①、②
8	镍	土样经盐酸-硝酸-高氯酸（或盐酸-硝酸-氢氟酸-高氯酸）消解后，火焰原子吸收分光光度法测定	2.5 以上	土壤总镍	②
9	六六六和滴滴涕	丙酮-石油醚提取，浓硫酸净化，用带电子捕获检测器的气相色谱仪测定	0.005 以上		GB/T 14550—93
10	pH	玻璃电极法（土∶水=1.0∶2.5）	—		②
11	阳离子交换量	乙酸铵法	—		③

注：分析方法除土壤六六六和滴滴涕有国标外，其他项目待国家方法标准发布后执行，现暂采用下列方法：

① 《环境监测分析方法》，1993，城乡建设环境保护部环境保护局；

② 《土壤元素的近代分析方法》，1992，中国环境监测总站编，中国环境科学出版社；

③ 《土壤理化分析》，1978 年中国科学院南京土壤研究所编，上海科技出版社。

附录 5　环境空气质量标准（GB 3095—2012）（节选）

1　环境空气功能区分类

环境空气功能区分为两类：一类区为自然保护区、风景名胜区和其他需要特殊保护的区域；二类区为居住区、商业交通居民混合区、文化区、工业区和农村地区。

2　环境空气功能区质量要求

一类区适用一级浓度限值，二类区适用二级浓度限值。一、二类环境空气功能区质量要求见表 1 和表 2。

表 1　环境空气污染物基本项目浓度限值

序号	污染物项目	平行时间	浓度限值		单位
			一级	二级	
1	二氧化硫（SO_2）	年平均	20	60	$\mu g/m^3$
		24 小时平均	50	150	
		1 小时平均	150	500	
2	二氧化氮（NO_2）	年平均	40	40	
		24 小时平均	80	80	
		1 小时平均	200	200	
3	一氧化碳（CO）	24 小时平均	4	4	mg/m^3
		1 小时平均	10	10	
4	臭氧（O_3）	日最大 8 小时平均	100	160	
		1 小时平均	160	200	
5	颗粒物（粒径小于等于 10 μm）	年平均	40	70	$\mu g/m^3$
		24 小时平均	50	150	
6	颗粒物（粒径小于等于 2.5 μm）	年平均	15	35	
		24 小时平均	35	75	

表2 环境空气污染物其他项目浓度限值

序号	污染物项目	平均时间	浓度限值		单位
			一级	二级	
1	总悬浮颗粒物（TSP）	年平均	80	200	μg/m³
		24 小时平均	120	300	
2	氮氧化物（NO$_x$）	年平均	50	50	
		24 小时平均	100	100	
		1 小时平均	250	250	
3	铅（Pb）	年平均	0.5	0.5	
		季平均	1	1	
4	苯并[a]芘（BaP）	年平均	0.001	0.001	
		24 小时平均	0.002 5	0.002 5	

本标准自 2016 年 1 月 1 日起在全国实施。基本项目（表 1）在全国范围内实施；其他项目（表 2）由国务院环境保护行政主管部门或者省级人民政府根据实际情况，确定具体实施方式。

在全国实施本标准之前，国务院环境保护行政主管部门可根据《关于推进大气污染联防联控工作改善区域空气质量的指导意见》等文件要求指定部分地区提前实施本标准，具体实施方案（包括地域范围、时间等）另行公告；各省级人民政府也可根据实际情况和当地环境保护的需要提前实施本标准。

附录6 室内空气质量标准（GB/T 18883—2002）（节选）

表1 室内空气质量标准

序号	参数类别	参数	单位	标准值	备注
1	物理性	温度	℃	22～28	夏季空调
				16～24	冬季采暖
2		相对湿度	%	40～80	夏季空调
				30～60	冬季采暖
3		空气流速	m/s	0.3	夏季空调
				0.2	冬季采暖
4		新风量	$m^3/$（h·人）	30[a]	
5	化学性	二氧化硫（SO_2）	mg/m^3	0.50	1 h 均值
6		二氧化氮（NO_2）	mg/m^3	0.24	1 h 均值
7		一氧化碳（CO）	mg/m^3	10	1 h 均值
8		二氧化碳（CO_2）	%	0.10	1 h 均值
9		氨（NH_3）	mg/m^3	0.20	1 h 均值
10		臭氧（O_3）	mg/m^3	0.16	1 h 均值
11		甲醛（HCHO）	mg/m^3	0.10	1 h 均值
12		苯（C_6H_6）	mg/m^3	0.11	1 h 均值
13		甲苯（C_7H_8）	mg/m^3	0.20	1 h 均值
14		二甲苯（C_8H_{10}）	mg/m^3	0.20	1 h 均值
15		苯并[a]芘（B（a）P）	ng/m^3	1.0	1 h 均值
16		可吸入颗粒物（PM_{10}）	mg/m^3	0.15	1 h 均值
17		总发挥性有机物（TVOC）	mg/m^3	0.60	8 h 均值
18	生物性	菌落总数	cfu/m^3	2500	依据仪器定[b]
19	放射性	氡（^{222}Rn）	Bq/m^3	400	年平均值（行动水平[c]）

注：a. 新风量要求不小于标准值，除温度、相对湿度外的其他参数要求不大于标准值；

　　b. 见附录 D；

　　c. 行动水平即达到此水平建议采取干预行动以降低室内氡浓度。

附录 7 声环境质量标准（摘自 GB 3096—2008）（节选）

1 声环境功能区分类

按区域的使用功能特点和环境质量要求，声环境功能区分为以下五种类型：

0 类声环境功能区：指康复疗养区等特别需要安静的区域。

1 类声环境功能区：指以居民住宅、医疗卫生、文化教育、科研设计、行政办公为主要功能，需要保持安静的区域。

2 类声环境功能区：指以商业金融、集市贸易为主要功能，或者居住、商业、工业混杂，需要维护住宅安静的区域。

3 类声环境功能区：指以工业生产、仓储物流为主要功能，需要防止工业噪声对周围环境产生严重影响的区域。

4 类声环境功能区：指交通干线两侧一定距离之内，需要防止交通噪声对周围环境产生严重影响的区域，包括 4a 类和 4b 类两种类型。4a 类为高速公路、一级公路、二级公路、城市快速路、城市主干路、城市次干路、城市轨道交通（地面段）、内河航道两侧区域；4b 类为铁路干线两侧区域。

2 环境噪声限值

2.1 各类声环境功能区适用表 1 规定的环境噪声等效声级限值。

表 1 环境噪声限值　　　　　　　　　　单位：dB（A）

声环境功能区类别		时段	
		昼间	夜间
0 类		50	40
1 类		55	45
2 类		60	50
3 类		65	55
4 类	4a	70	55
	4b	70	60

2.2 道路交通噪声平均值的强度级别按表 2 进行评价（摘自 HJ 640—2012）。

表2 道路交通噪声强度等级划分 单位：dB（A）

等级	一级	二级	三级	四级	五级
昼间平均等效声级（$\overline{L_d}$）	=68.0	68.1～70.0	70.1～72.0	72.1～74.0	>74.0
夜间平均等效声级（$\overline{L_n}$）	=58.0	58.1～60.0	60.1～62.0	62.1～64.0	>64.0

注明：道路交通噪声强度等级"一级"至"五级"可分别对应评价为"好"、"较好"、"一般"、"较差"和
"差"。

2.3 工业企业厂界环境噪声不得超过表 3 规定的排放限值（摘自 GB 12348—2008）。

表3 工业企业厂界环境噪声排放限值 单位：dB（A）

厂界外声环境功能区类别	时段	
	昼间	夜间
0	50	40
1	55	45
2	60	50
3	65	55
4	70	55

注明：夜间频发噪声的最大声级超过限值的幅度不得高于 10 dB（A）。
  夜间偶发噪声的最大声级超过限值的幅度不得高于 15 dB（A）。

2.4 当固定设备排放的噪声通过建筑物结构传播至噪声敏感建筑物室内时，噪声
敏感建筑物室内等效声级不得超过表 4 规定的排放限值（摘自 GB 12348—2008）。

表4 结构传播固定设备室内噪声排放限值 单位：dB（A）

噪声敏感建筑物所处声环境功能区类别	A 类房间		B 类房间	
	昼间	夜间	昼间	夜间
0	40	30	40	30
1	40	30	45	35
2、3、4	45	35	50	40

说明：A 类房间是指以睡眠为主要目的，需要保证夜间安静的房间，包括住宅卧室、医院病房、宾馆客房等。
B 类房间是指主要在昼间使用，需要保证思考与精神集中、正常讲话不被干扰的房间，包括学校教室、会议室、
办公室、住宅中卧室以外的其他房间等。

附录 8　常用元素国际相对原子质量表

序数	元素 名称	元素 符号	相对原子质量	序数	元素 名称	元素 符号	相对原子质量	序数	元素 名称	元素 符号	相对原子质量
1	氢	H	1.007 9	38	锶	Sr	87.62	75	铼	Re	186.2
2	氦	He	4.002 6	39	钇	Y	88.906	76	锇	Os	190.23
3	锂	Li	6.941	40	锆	Zr	91.224	77	铱	Ir	192.22
4	铍	Be	9.012 2	41	铌	Nb	92.906	78	铂	Pt	195.08
5	硼	B	10.811	42	钼	Mo	95.94	79	金	Au	196.97
6	碳	C	12.011	43	锝	Tc	(98)	80	汞	Hg	200.59
7	氮	N	14.007	44	钌	Ru	101.07	81	铊	Tl	204.38
8	氧	O	15.999	45	铑	Rh	102.91	82	铅	Pb	207.2
9	氟	F	18.998	46	钯	Pd	106.42	83	铋	Bi	208.98
10	氖	Ne	20.180	47	银	Ag	107.87	84	钋	Po	(209)
11	钠	Na	22.990	48	镉	Cd	112.41	85	砹	At	(210)
12	镁	Mg	24.305	49	铟	In	114.82	86	氡	Rn	(222)
13	铝	Al	26.982	50	锡	Sn	118.71	87	钫	Fr	(223)
14	硅	Si	28.086	51	锑	Sb	121.75	88	镭	Ra	(226)
15	磷	P	30.974	52	碲	Te	121.75	89	锕	Ac	(227)
16	硫	S	32.066	53	碘	I	126.90	90	钍	Th	(232.04)
17	氯	Cl	35.453	54	氙	Xe	131.29	91	镤	Pa	(231.04)
18	氩	Ar	39.948	55	铯	Cs	132.91	92	铀	U	(238.03)
19	钾	K	39.098	56	钡	Ba	137.33	93	镎	Np	(237)
20	钙	Ca	40.078	57	镧	La	138.91	94	钚	Pu	(244)
21	钪	Sc	44.956	58	铈	Ce	140.12	95	镅	Am	(243)
22	钛	Ti	47.867	59	镨	Pr	140.91	96	锔	Cm	(247)
23	钒	V	50.942	60	钕	Nd	144.24	97	锫	Bk	(247)
24	铬	Cr	51.996	61	钷	Pm	(145)	98	锎	Cf	(251)
25	锰	Mn	54.938	62	钐	Sm	150.36	99	锿	Es	(252)
26	铁	Fe	55.845	63	铕	Eu	151.96	100	镄	Fm	(257)
27	钴	Co	58.933	64	钆	Gd	157.25	101	钔	Md	(258)
28	镍	Ni	58.693	65	铽	Tb	158.93	102	锘	No	(259)
29	铜	Cu	63.546	66	镝	Dy	162.50	103	铹	Lr	(260)
30	锌	Zn	65.39	67	钬	Ho	164.93	104		Rf	(261)
31	镓	Ga	69.723	68	铒	Er	167.26	105		Db	(262)

序数	元素		相对原子质量	序数	元素		相对原子质量	序数	元素		相对原子质量
	名称	符号			名称	符号			名称	符号	
32	锗	Ge	72.61	69	铥	Tm	168.93	106		Sg	（263）
33	砷	As	74.922	70	镱	Yb	173.04	107		Bh	（264）
34	硒	Se	78.96	71	镥	Lu	174.97	108		Hs	（265）
35	溴	Br	79.904	72	铪	Hf	178.49	109		Mt	（268）
36	氪	Kr	83.80	73	钽	Ta	180.95	110			
37	铷	Rb	85.468	74	钨	W	183.84	111			

附录 9　实验室常用酸碱浓度

试剂名称	密度/（g/mL）	质量分数/%	物质的量浓度/（mol/L）
浓硫酸	1.84	98	18
稀硫酸	1.1	9	2
浓盐酸	1.19	38	12
稀盐酸	1.0	7	2
浓硝酸	1.4	68	16
稀硝酸	1.2	32	6
稀硝酸	1.1	12	2
浓磷酸	1.7	85	14.7
稀磷酸	1.05	9	1
浓高氯酸	1.67	70	11.6
稀高氯酸	1.12	19	2
浓氢氟酸	1.13	40	23
氢溴酸	1.38	40	7
氢碘酸	1.70	57	7.5
冰醋酸	1.05	99	17.5
稀醋酸	1.04	30	5
稀醋酸	1.0	12	2
浓氢氧化钠	1.44	41	14.4
稀氢氧化钠	1.1	8	2
浓氨水	0.91	28	14.8
稀氨水	1.0	3.5	2
饱和氢氧化钡溶液	—	0.1	2
饱和氢氧化钙溶液	—	—	0.15

附录 10　实验室常用缓冲溶液的配制

缓冲溶液组成	pKa	缓冲溶液 pH	缓冲溶液配制方法
氨基乙酸-HCl	2.35（pKa$_1$）	2.3	取 150 g 氨基乙酸溶于 500 mL 水中后，加 80 mL 浓 HCl，用水稀释至 1 L
柠檬酸-NaHPO$_4$		2.5	取 113 g NaHPO$_4$·12H$_2$O 溶于 200 mL 水后，加 387 g 柠檬酸，溶解，过滤，用水稀释至 1 L
一氯乙酸-NaOH	2.86	2.8	取 200 g 一氯乙酸溶于 200 mL 水中，加 40 g NaOH 溶解后，用水稀释至 1 L
邻苯二甲酸氢钾-HCl	2.95（pKa$_1$）	2.9	取 500 g 邻苯二甲酸氢钾溶于 500 mL 水中，加 80 mL 浓 HCl，用水稀释至 1 L
甲酸-NaOH	3.76	3.7	取 95 g 甲酸和 40 g NaOH 溶于 500 mL 水中，用水稀释至 1 L
HAc-NaAc	4.74	4.2	取 3.2 g 无水 NaAc 溶于水中，加 50 mL 冰 HAc，用水稀释至 1 L
HAc-NH$_4$Ac		4.5	取 77 g NH$_4$Ac 溶于 200 mL 水中，加 59 mL 冰 HAc，用水稀释至 1 L
HAc-NaAc	4.74	4.7	取 83 g 无水 NaAc 溶于水中，加 60 mL 冰 HAc，用水稀释至 1 L
HAc-NaAc	4.74	5.0	取 160 g 无水 NaAc 溶于水中，加 60 mL 冰 HAc，用水稀释至 1 L
HAc-NH$_4$Ac		5.0	取 250 g NH$_4$Ac 溶于水中，加 25 mL 冰 HAc，用水稀释至 1 L
六次甲基四胺-HCl	5.15	5.4	取 40 g 六次甲基四胺溶于 200 mL 水中，加 10 mL 浓 HCl，用水稀释至 1 L
HAc-NH$_4$Ac		6.0	取 600 g NH$_4$Ac 溶于水中，加 20 mL 冰 HAc，用水稀释至 1 L
NaAc-Na$_2$HPO$_4$		8.0	取 50 g 无水 NaAc 和 50 g NaHPO$_4$·12H$_2$O 溶于水中，用水稀释至 1 L
Tris-HCl	8.21	8.2	取 25 g Tris 试剂溶于水中，加 18 mL 浓 HCl，用水稀释至 1 L
NH$_3$-NH$_4$Cl	9.26	9.2	取 54 g NH$_4$Cl 溶于水中，加 63 mL 浓氨水，用水稀释至 1 L
NH$_3$-NH$_4$Cl	9.26	9.5	取 54 g NH$_4$Cl 溶于水中，加 126 mL 浓氨水，用水稀释至 1 L
NH$_3$-NH$_4$Cl	9.26	10.0	（1）取 54 g NH$_4$Cl 溶于水中，加 350 mL 浓氨水，用水稀释至 1 L （2）取 67.5 g NH$_4$Cl 溶于 200 mL 水中，加 570 mL 浓氨水，用水稀释至 1 L

参考文献

[1] 国家环境保护总局《水和废水监测分析方法》编委会. 水和废水监测分析方法. 4 版. 北京：中国环境科学出版社，2002.

[2] 奚旦立，孙裕生，刘秀英. 环境监测. 3 版. 北京：高等教育出版社，2004.

[3] 环境保护局. 大气总悬浮颗粒物的测定 重量法（GB/T 15432—1995）. 北京：中国环境科学出版社，1995.

[4] 环境保护部. 环境空气 PM_{10} 和 $PM_{2.5}$ 的测定 重量法（HJ 618—2011）. 北京：中国环境科学出版社，2011.

[5] 环境保护部，国家质量监督检验检疫总局. 环境空气质量标准（GB 3095—2012）. 北京：中国环境科学出版社，2012.

[6] 环境保护部，国家质量监督检验检疫总局. 声环境质量标准（GB 3096—2008）. 北京：中国环境科学出版社，2008.

[7] 环境保护部. 环境噪声监测技术规范城市声环境常规监测（HJ 640—2012）. 北京：中国环境科学出版社，2012.

[8] 环境保护部，国家质量监督检验检疫总局. 工业企业厂界环境噪声排放标准（GB 12348—2008）. 北京：中国环境科学出版社，2008.

[9] 迟杰，齐云，鲁逸人. 环境化学实验，ISBN 978-7-5618-3318-6. 天津：天津大学出版社，2010.

[10] 姚思童，张进. 基础化学实验，ISBN 978-7-122-05299-5. 北京：化学工业出版社，2013.

[11] 钟国清. 无机及分析化学实验，ISBN 978-7-03-031334-8. 北京：科学出版社，2011.

[12] 但德忠. 环境监测. 北京：高等教育出版社，2011.